Christina Müller-Naevecke | Ekkehard Nuissl

Lernort Tagung

Konzipieren, Realisieren, Evaluieren

W0084421

Perspektive Praxis

Eine Buchreihe des Deutschen Instituts für Erwachsenenbildung – Leibniz-Zentrum für Lebenslanges Lernen

Die grüne Reihe des DIE stellt Fachkräften in der Erwachsenenbildung bewährtes Handlungswissen, aktuelle Themen und in anderen Bereichen erprobte, didaktische Methoden vor. Die Bände sind aus der Perspektive des Handlungsfelds konzipiert, vermitteln verwendungsbezogenes Wissen und setzen Handlungsstandards, die sich am Stand der Forschung orientieren. Sie sollen somit zur Kompetenz- und Qualitätsentwicklung in der Erwachsenenbildung beitragen.

Wissenschaftliche Betreuung der Reihe am DIE: Dr. Thomas Jung

Bisher in der Reihe Perspektive Praxis erschienene Titel (Auswahl):

Thomas Hartmann
Urheberrecht in der (Weiter)Bildung
Bielefeld 2014, ISBN 978-3-7639-5441-4

Julia Franz
Intergenerationelle Bildung
Bielefeld 2014, ISBN 978-3-7639-5365-3

Frank Schröder, Peter Schlögl
Weiterbildungsberatung
Bielefeld 2014, ISBN 978-3-7639-5367-7

Horst Siebert, Ekkehard Nuissl
Lehren an der VHS
Bielefeld 2013, ISBN 978-3-7639-5169-7

Joachim Ludwig (Hg.)
Lernberatung und Diagnostik
Bielefeld 2012, ISBN 978-3-7639-5065-2

Alexandra Bergedick, Dirk Rohr,
Anja Wegener
Bilden mit Bildern
Bielefeld 2011, ISBN 978-3-7639-4865-9

Wolf-Peter Szepansky
Souverän Seminare leiten
2., akt. und überarbeitete Auflage,
Bielefeld 2010, ISBN 978-3-7639-1798-3

Horst Siebert
Methoden für die Bildungsarbeit
4., akt. und überarbeitete Auflage,
Bielefeld 2010, ISBN 978-3-7639-1993-2

Stefanie Jütten, Ewelina Mania, Anne Strauch
Kompetenzerfassung in der Weiterbildung
Bielefeld 2009, ISBN 978-3-7639-1974-1

Angela Venth, Jürgen Budde
Genderkompetenz für lebenslanges Lernen
Bielefeld 2009, ISBN 978-3-7639-1978-9

Jörg Knoll
Lern- und Bildungsberatung
Bielefeld 2009, ISBN 978-3-7639-1956-7

Beate Braun, Janine Hengst, Ingmar Petersohn
Existenzgründung in der Weiterbildung
Bielefeld 2008, ISBN 978-3-7639-1959-8

Klaus Pehl
**Strategische Nutzung statistischer
Weiterbildungsdaten**
Bielefeld 2007, ISBN 978-3-7639-1925-3

Matilde Grünhage-Monetti (Hg.)
**Interkulturelle Kompetenz in
der Zuwanderungsgesellschaft**
mit CD-ROM
Bielefeld 2006, ISBN 978-3-7639-1920-8

Weitere Informationen zur Reihe unter
www.die-bonn.de/pp

Bestellungen unter
wbv.de

Perspektive Praxis

Christina Müller-Naevecke | Ekkehard Nuissl

Lernort Tagung

Konzipieren, Realisieren, Evaluieren

Herausgebende Institution

Deutsches Institut für Erwachsenenbildung – Leibniz-Zentrum für Lebenslanges Lernen

Das Deutsche Institut für Erwachsenenbildung (DIE) ist eine Einrichtung der Leibniz-Gemeinschaft und wird von Bund und Ländern gemeinsam gefördert. Das DIE vermittelt zwischen Wissenschaft und Praxis der Erwachsenenbildung und unterstützt sie durch Serviceleistungen.

Lektorat: Dr. Thomas Jung

Korrektorat: Christiane Barth

Wie gefällt Ihnen diese Veröffentlichung? Wenn Sie möchten, können Sie dem DIE unter **www.die-bonn.de** ein **Feedback** zukommen lassen. Geben Sie einfach den **Webkey 43/0043** ein. Von Ihrer Einschätzung profitieren künftige Interessent/inn/en.

Bibliografische Information der Deutschen Nationalbibliothek
Die Deutsche Nationalbibliothek verzeichnet diese Publikation in der Deutschen Nationalbibliografie; detaillierte bibliografische Daten sind im Internet über http://dnb.d-nb.de abrufbar.

Verlag:
W. Bertelsmann Verlag GmbH & Co. KG
Postfach 10 06 33
33506 Bielefeld
Telefon: (0521) 9 11 01-11
Telefax: (0521) 9 11 01-19
E-Mail: service@wbv.de
Internet: wbv.de

Bestell-Nr.: 43/0043

© 2016 W. Bertelsmann Verlag GmbH & Co. KG, Bielefeld
Umschlaggestaltung und Satz: Christiane Zay, Potsdam
Illustrationen: Michael Schrenk, www.liveillustration.de
Herstellung: W. Bertelsmann Verlag, Bielefeld
ISBN 978-3-7639-5715-6 (Print)
ISBN 978-3-7639-5716-3 (E-Book PDF)
ISBN 978-3-7639-5725-5 (E-Book EPUB)

Inhalt

Vorbemerkungen

Tagungen sind ein wichtiger, informeller Lernort. Trotz einer weiten Verbreitung medialer Kommunikation kommt der realen Zusammenkunft von Menschen nach wie vor eine besondere Bedeutung zu. Als Sozialform und Ort des Zusammentreffens von Menschen bieten Tagungen in ganz unterschiedlichen Kontexten einen fachlichen oder sozialen Austausch und sind damit immer auch Lern- und Erfahrungsprozess für die Teilnehmenden.

Das Deutsche Institut für Erwachsenenbildung – Leibniz-Zentrum für Lebenslanges Lernen (DIE) hat es sich zum Ziel gesetzt, die Bedingungen für erfolgreiche Lehr-Lernprozesse zu verbessern, die Wirksamkeit von pädagogischen Angeboten zu erhöhen und gemäß seinem Auftrag die Praxis mit wissenschaftlich fundiertem, anwendungsorientiertem Wissen zu versorgen. Unter diesem Leitgedanken ist auch das vorliegende Buch entstanden. Es stellt unabhängig vom fachlich-thematischen Kontext für eine breite Zielgruppe eine Praxishilfe dar, mit der die Wirksamkeit von organisierten, aber auch informellen Lernprozessen auf Tagungen erhöht werden kann. Im Fokus steht dabei das Gelingen von Tagungen, hierzu werden Tipps für eine sinnvolle und dynamische Gestaltung vor, während und nach der Veranstaltung gegeben.

Zwar gibt es eine Reihe von Ratgeberliteratur, die die organisatorische Seite von Tagungsplanung und -durchführung betrachtet, und auch Praxislektüre zur Didaktik von Lehrveranstaltungen kann man in unterschiedlicher Form finden; einen didaktischen Ratgeber explizit für Tagungen gibt es bisher jedoch nicht. In diesem Praxisratgeber stehen erstmalig Zielsetzung, inhaltliche Planung und Methoden der Tagungskonstruktion im Mittelpunkt. Einem allgemeinen Didaktikverständnis folgend, wird die Tagungsplanung und -durchführung im vorliegenden Buch systematisch aufbereitet und strukturiert. Die einzelnen Schritte werden immer wieder in den Kontext einer Lernzielbestimmung gestellt. Hervorgehoben wird, dass ganz verschiedene Aspekte einer Tagungskonzeption einem didaktischen Konzept unterliegen und schon bei der Vorbereitung Inhalte, Formate und die anvisierte Zielgruppe unter Berücksichtigung desselben betrachtet und festgelegt werden müssen.

Für jeden, der mit der Organisation und/oder Konzeption einer Tagung betraut ist, stellt dieses Buch einen Nutzen dar. Es werden konkrete Praxistipps und didaktische sowie methodische Denkanstöße gegeben. Hilfreiche Leitlinien und Checklisten, die die Tagung insgesamt unter ein pädagogisches Paradigma vom Lehren zum Lernen (Nuissl & Siebert, 2013) stellen, zeigen, wie die Tagung gelingt. Sie vermitteln, wie die Teilnehmenden ihre Kenntnisse, Meinungen und Interessen zu Gehör bringen, in den Zusammenhang stellen und strukturieren können. Dies alles trägt zum Erfolg Ihrer Tagung bei.

Anne Strauch
Deutsches Institut für Erwachsenenbildung
Leibniz-Zentrum für Lebenslanges Lernen

Einleitung

In bestimmten Bereichen des Arbeitslebens gehören Zusammenkünfte, in denen fachliche Dinge richtungsweisend erörtert und verhandelt werden, zum Alltag. Eigentlich gehören sie in ganz vielen Bereichen zum Alltag. Genau genommen in allen. Sie können im kleinen regionalen oder sektoralen Rahmen ebenso stattfinden wie in großen internationalen Kontexten, wenige oder viele Menschen ansprechen und versammeln, fachlichen Themen oder sozialen Zwecken dienen und von kürzerer oder längerer Dauer sein – sie finden statt.

Im beruflichen Alltag stellen sich die Fragen, ob man an solchen Zusammenkünften teilnimmt, an welchen und wie vielen man teilnimmt und welche Interessen man dabei verfolgt. Diese Fragen kann man unterschiedlich für sich beantworten. Wir kennen eine Kollegin, die nach einigen Tagungsteilnahmen beschloss, an keiner weiteren mehr teilzunehmen, weil das Ergebnis einer solchen Tagungsteilnahme letztlich nur die Teilnahme an einer weiteren Tagung sei. Andere argumentieren, dass bei Tagungen im Verhältnis zum Aufwand – also mit Blick auf Reisestrapazen, auf Kosten, Zeit und eigene Energie – zu wenig *herauskomme*. Wieder andere stimmen dem zu, betonen aber, dass diese „Investition" durch das *soziale Vernetzen* bei Veranstaltungen wieder ausgeglichen werde.

Bemerkenswert ist, dass Tagungen (bislang) auch der Konkurrenz der neuen Medien weitgehend widerstehen. Oder besser gesagt: Reale Treffen von realen Menschen werden trotz in den letzten Jahren deutlich verbesserter medialer Kommunikationsmöglichkeiten weiterhin veranstaltet. Ein „Selbstläufer" sind diese aber dennoch keineswegs. Erosionstendenzen (sichtbar anhand von Drop-out-Raten) zeigen, dass der soziale Kontakt notwendig ist für das Zustandekommen von Tagungen, aber noch nicht hinreichend für deren Gelingen. Letzteres wird möglich durch etwas, das man erziehungswissenschaftlich als „Didaktik" bezeichnen kann, aber auch „Agenda", „Plot" oder „Story" in anderen Ansätzen. Letztlich geht es hier immer um die Fragen: Worum geht es? Was kommt dabei heraus? Und wie kommt man zielgerichtet dorthin?

Eigene Erfahrungen haben uns gezeigt, dass diese einfachen Fragen nicht durch die Teilnahme an oder im Resümee nach einer Tagung zu beantworten sind. Und es sind weniger die organisatorischen Probleme – wie schlecht beleuchtete und belüftete Räume, wenig schmackhaftes Essen, fehlende Betreuung, mangelhafte Information, ungeeignete Unterkünfte oder unbrauchbares Material –, die letztlich den Erfolg einer Tagung verhindern. Gleichwohl werden diese Aspekte sehr wohl wahrgenommen und im Gedächtnis behalten. Es sind vielmehr das inhaltliche Konzept sowie die Dramaturgie des Geschehens, die die Teilnehmenden fesseln und zu einem positiven und nachhaltigen Ergebnis führen.

Wir haben in vielen Auswertungen eigener und fremder Tagungen immer wieder die gleichen Feststellungen gemacht: Es fehlt vielfach an einer angemessenen Wertschätzung der *didaktischen* Dimension von Tagungen, das heißt an einer sinnvollen und dynamischen Gestaltung von Lern- und Erfahrungsprozessen. Die inhaltlichen und methodischen Aspekte, die hiermit verbunden sind, haben wir in diesem Buch zusammengestellt – in der Hoffnung, die Aufmerksamkeit von Tagungsmachern darauf zu lenken.

Es gibt zahlreiche Bücher und Handreichungen zur Gestaltung von Tagungen. Die wichtigsten davon haben wir in der Literaturliste aufgeführt. Die meisten von ihnen betonen die organisatorische Seite – und sie tun dies aus guten Gründen. Denn Veranstaltungen bedürfen einer umfassenden wie professionellen organisatorischen Vorbereitung. In unserem Buch jedoch stehen sie nicht im Mittelpunkt, auch wenn sie vorkommen, denn wir verstehen sie als wichtige Rahmung, aber nicht als den Kern von Tagungen. Wir konzentrieren uns vielmehr auf *Inhalt* und *Methode* – und haben das Buch entsprechend aufgebaut. Natürlich sind Inhalt und Methode, diskutiert man sie abstrakt, schwer zu fassen; aber es lassen sich Leitlinien und Checklisten formulieren, um die konkrete Ausgestaltung einer Tagung anzuregen und zu unterstützen.

Eine der wichtigsten Leitlinien können wir gleich hier einleitend nennen: Wie in allen Lehr-Lernprozessen müssen *Inhalt* und *Form* (Letztere im Sinne von „Methode") *zusammenpassen*, sich aufeinander beziehen und ein harmonisches Ganzes ergeben. Eine Tagung ist kein (vor-)geschriebenes Buch, das man nur zu lesen braucht. Sie ist aber auch kein Abenteuerspielplatz oder Familientreffen. Eine Tagung hat von alledem ein wenig, wenn sie gut konzipiert ist, vor allem aber hat sie einen inhaltlichen *roten Faden*, der wichtig und interessant ist und die Teilnehmenden mit und ohne feste Aufgabe fesselt. Das Ziel unseres Textes ist es, auf diesen Zusammenhang hinzuweisen und Hilfen dabei zu geben, wie dies gelingen kann.

1. Die Tagung als Sozialform

„Gefäß" ist ein Wort, das im Schwyzer Deutsch gerne für Sozialformen von der Art einer Tagung gebraucht wird. Es charakterisiert sehr anschaulich, dass es um eine Form geht, die gefüllt werden muss (oder kann). Und noch anschaulicher, dass diese Form auch zum Inhalt passen muss – und umgekehrt. Schon beim Gefäß „Blumenvase" gibt es Unterschiede in Aufbau, Gestalt, sogar in der Funktion. Und es gibt Varianten, die von der Länge der Blumenstiele, der Größe des Straußes, der Art der Blumen und vom Standort abhängen. Diese Gefäße unterscheiden sich z.B. von „Eimern", die wiederum von unterschiedlicher Größe sind und aus verschiedenen Materialien bestehen können – je nach Funktionszusammenhang. Damit sind bereits wichtige Elemente einer Definition von „Tagung" assoziiert: Thematik, Größe, Standort, Kontext, Funktion. Solchermaßen Unterschiedlichkeit führt dann auch zu anderen Begriffen, wie „Konferenz", „Workshop" oder „Kongress", mit denen wiederum andere zentrale Merkmale vermittelt werden.

WISSENSWERT

Fast synonyme Begriffe

Veranstaltung: Dies ist – im Deutschen – der allgemeine Ausdruck für den gemeinsamen Nenner aller Begriffe: das Zusammenkommen von Menschen in organisierter Form mit einem bestimmten Ziel.

Tagung: Ursprünglich abgeleitet von „Tag", signalisiert der Begriff eine thematisch und von der Teilnehmerzahl her überschaubare, einem fachlichen Gegenstand gewidmete Form des Treffens. Die Teilnahme ist in der Regel offen.
Beispiel: Jahrestagung der „Sektion Erwachsenenbildung" der Deutschen Gesellschaft für Erziehungswissenschaft (DGfE)

Konferenz: Aus dem Lateinischen *conferre*, wörtlich „zusammentun", ist ähnlich wie eine Tagung thematisch fokussiert, in der Regel aber größer dimensioniert und steht in einem übergeordneten Diskussions- und Entscheidungskontext.
Beispiel: Internationale Klimakonferenz

Symposium: Ein Format, das hauptsächlich im wissenschaftlichen und kulturellen Bereich zu finden ist, aus dem griechischen Wort *sympósion* („gemeinsames geselliges Trinken") hergeleitet, größer dimensioniert und fachlich breit angelegt.
Beispiel: „Symposium zur Filmmusikforschung" an der Universität Kiel

Meeting: Eine eher kleinere Zusammenkunft, ein Treffen mit stärker informellem Charakter, oft auch politisch konnotiert.
Beispiel: Arbeitstreffen von regionalen Projektgruppen

Sitzung: Ein sehr deutscher Begriff, der leider in den meisten Fällen die Realität beschreibt: Eine versammelte Gruppe von Menschen *sitzt* für längere Zeit, um Dinge zu erörtern und möglicherweise zu entscheiden; in Sitzungen sind meist nicht mehr als 30 Personen anwesend, handverlesen und speziell eingeladen.
Beispiel: Ausschusssitzungen im Parlament

Workshop: Ein „Arbeitsladen", eine Werkstatt mit entsprechender Aus- und Zielrichtung, vom Umfang eher kleiner, dient meist dem Hervorbringen eines Produkts oder dem Zusammenführen vorhandener Produktlinien.
Beispiel: Basisworkshop „Texte von Veranstaltungen und Curricula kompetenzbasiert gestalten" des FAB Organos in Österreich

Forum: Das Forum ist meist eine größere Veranstaltung, es dient der offenen und öffentlichen Präsentation von Argumenten und Gedanken und bringt unterschiedliche Personen und Repräsentanten von Positionen und Interessen zusammen, insofern bezieht es sich auch auf den lateinischen Ursprung des Begriffs.
Beispiel: „DIE-Forum Weiterbildung" des Deutschen Instituts für Erwachsenenbildung – Leibniz-Zentrum für Lebenslanges Lernen e.V. (DIE)

Kongress: Der Begriff für die größte vorstellbare Tagung, abgeleitet aus dem lateinischen *congregare*, wörtlich „zusammenführen", bezeichnet eine Ansammlung mehrerer kleiner Tagungen zur gleichen Zeit am gleichen Ort.
Beispiel: Biennaler Kongress der Deutschen Gesellschaft für Erziehungswissenschaft (DGfE)

Versammlung: Das deutsche Wort, das den Begriffen „Konferenz" und „Kongress" am nächsten kommt, ist das der „Versammlung". Es wird hauptsächlich benutzt für Treffen von Mitgliedern von Betrieben, Parteien und anderen Organisationen.
Beispiel: Mitgliederversammlung, die ein vorgeschriebenes Element von Vereinen ist

Wir haben uns für den Begriff der „Tagung" als Oberbegriff entschieden, weil er am deutlichsten nahelegt, was unser Interesse ist: eine didaktische Reflexion des inhaltlich begründeten sozialen Geschehens. Wir werden jedoch immer auch die anderen Formen und Formate von Veranstaltungen einbeziehen, sofern dort besondere Bedingungen gelten.

1.1   Warum eine Tagung? Der Anlass und die Ziele

Tagungen sind zu aufwendig, um sie *ohne Grund* zu veranstalten. Es gibt also immer einen Grund bzw. Anlass für den Veranstalter, eine Tagung anzusetzen und dafür ein Tagungsformat zu wählen. Meist steht die Tagung für den – oder im Falle einer Kooperation für *die* – Veranstalter im Kontext mit anderen Formen, in die Öffentlichkeit zu gehen, wie Büchern, Pressemeldungen, Filmen oder Beiträgen auf Tagungen, die von anderen veranstaltet werden. Es gibt daher immer einen Grund für Tagungen: die Botschaft, die über diese Sozialform vermittelt werden soll, oder eine andere Funktion, die mit diesem „Gefäß" am besten erfüllt werden kann. Die Tagung gibt die Möglichkeit, eine soziale und personale Interaktion zu den gewählten Zielen in der eigens gewählten didaktischen Form zu initiieren. Dies mag in manchen Fällen zwar teurer und aufwendiger sein als z.B. ein Buch, dafür aber womöglich folgenreicher.

Der Beschluss, eine Tagung auszurichten, beginnt mit einem Ziel. Mit einer Tagung will man etwas Bestimmtes erreichen. Hier liegt bereits ein – allerdings nur scheinbarer – Widerspruch zur Anforderung einer Tagungs*didaktik*. Das Ziel, das mit einer Tagung verfolgt wird, muss keineswegs immer verbunden sein mit einem Lehr- oder einem Lernziel (Letzteres als angestrebtes Kompetenz-Outcome bei den Teilnehmenden). Es können auch ganz andere Ziele im Vordergrund stehen – wie Werbung oder Verbreitung von Projektergebnissen –, und nicht zu selten tun sie das auch.

Ganz zu Beginn dieses Buches und ganz zu Beginn einer Tagungsplanung ist es notwendig, zu reflektieren, ob das definierte Ziel (Botschaft, Funktion etc.) wirklich am besten mit dem Instrument der Tagung erreicht werden kann, denn es passiert schnell, dass man entscheidet, eine Tagung durchzuführen, auch wenn dies gar nicht das optimale Instrument ist. Deshalb: Klären Sie folgende Fragen genau.

○ Warum werde ich überhaupt aktiv, was treibt mich an?
○ Welche Ziele verfolge ich?
○ Welche Möglichkeiten und Instrumente gibt es, dieses Ziel zu erreichen?
○ Was spricht für eine Tagung, was dagegen?
○ Ist eine Tagung das geeignetste Instrument, dieses Ziel zu erreichen?

Wenn Sie sich anhand dieser Fragen dazu entscheiden, *keine* Tagung durchzuführen, sondern gar nichts oder etwas anderes zu unternehmen, dann legen Sie dieses Buch weg und greifen zu einem anderen, entsprechend einschlägigen Text zur Unterstützung. Bleiben Sie dabei, dass es eine Tagung sein soll, dann fahren Sie fort mit den kommenden Seiten und Kapiteln.

Betrachten wir einmal die Ziele, welche Institutionen und Organisationen (etwa Betriebe, Vereine, Gesellschaften etc.) mit Tagungen verbinden: Da ist zunächst die *Präsentation.* Etwas Neues soll vorgestellt und erörtert, letztlich hauptsächlich bekanntgemacht werden, ein neues Produkt, ein Konzept, ein Thema, eine These. Dies ist verbunden mit dem Ziel der *Information,* des Bekanntmachens eines bestimmten Gegenstands. Der erwartete *Diskurs* – ein weiteres Ziel – dient auch der *Werbung* für das Präsentierte. In diesem Kontext ist eine Tagung ein – verhältnismäßig anspruchsvolles – Instrument im Rahmen eines „Produktmarketings" (Schöll, 2005).

Eine andere wichtige Dimension von Zielen bezieht sich auf die veranstaltende Organisation selbst, etwa wenn es um deren *Image* oder deren *Positionierung* in fachlicher Hinsicht, vielleicht auch im Feld bzw. auf dem Markt geht. Hier spielt die Tagung eine wichtige Rolle als Instrument der Public Relations (von Rein & Sievers, 2005). Von Bedeutung sind auch die Ziele der Organisation, die mit den Teilnehmenden der Tagung verbunden sind. Hier geht es um die *Zielgruppenansprache* oder um *Klientelbindung.* Im Falle von Organisationen, Vereinigungen oder Gesellschaften gehören Tagungen dabei zur *Mitgliederpflege* oder zum *Service.*

In einer spezifischen Form der Tagung, dem Workshop, geht es um das Ziel, ein bestimmtes *Produkt zu erarbeiten,* an einem solchen weiterzuarbeiten oder es zu vereinheitlichen. Solche Produkte können Texte, Positionspapiere, Memoranden, auch Projektberichte und Arbeitspläne sein. Oft fallen hier auch *Entscheidungen* an – über die endgültige Form der Produkte, deren Verbreitung und anderes mehr. Im weiteren Sinne kann man auch die Erweiterung von Wissensbeständen als ein solches Produkt verstehen, wie sie auf wissenschaftlichen Fachkongressen erfolgt.

Interessanterweise werden *Lehr- und Lernziele* in der Vorbereitung von Tagungen nur selten bedacht oder gar explizit formuliert. Fragen danach, *wie* sich Wissen und Einstellungen der Teilnehmenden ändern und entwickeln, Kompetenzen und Fähigkeiten erworben werden und Persönlichkeiten weiterentwickeln, spielen meist keine große Rolle in der Begründung und Planung von Tagungen. Es scheint ein unausgesprochenes Einverständnis darüber zu bestehen, dass Tagungen von „fertigen" Menschen gestaltet und besucht werden, die „professionelle" Inputs einbringen oder auf hohem Niveau selbstgesteuert damit umgehen. *Suchende* oder *Unfertige* werden auf Tagungen kaum erwartet. Es scheint vielmehr ein sehr „erwachsenes" Geschäft zu sein.

Aber: Viele Menschen besuchen Tagungen, um neue Gedanken kennenzulernen, sich mit Standpunkten auseinanderzusetzen, wichtige Leute zu treffen und von ihnen zu lernen, sich selbst als Vortragende auszuprobieren, eigene Positionen zur Disposition zu stellen und weiterzuentwickeln. Viele junge Menschen finden Vorbilder, üben sich im Argumentieren und im Vertreten von Standpunkten, orientieren sich im Gewirr von Schulen und Meinungen, finden Gleichgesinnte und bilden Netzwerke. Im günstigen Fall geben Tagungen diesem Geschehen und diesen Bedürfnissen über Pausen, Abendveranstaltungen und offenere Diskursformen einen Raum (→ Kap. 3.7). Solche Ziele einer Tagung werden aber nur im Ausnahmefall offen kommuniziert. Auch der professionelle oder akademische Erkenntnisgewinn, der sich aus Form und Inhalt der Tagung ergibt, wird selten tatsächlich eingeplant.

Der neuere Ansatz der Lernzielbestimmungen, wie er sich auf europäische Initiative hin in den Nationalen Qualifikationsrahmen darstellt, ist hier ein gutes heuristisches Prüfmittel: die vielzitierte Outcome-Orientierung. Man wird lange suchen müssen, um Tagungskonzepte zu finden, in denen die Ziele outcome-orientiert als Kompetenzgewinn der Teilnehmenden beschrieben werden. Etwa: „Nach Besuch dieser Tagung können die Teilnehmenden eigenständig einen Vortrag halten" oder „Nach Besuch dieser Veranstaltung sind auch die jungen Teilnehmenden in ein Netzwerk von Fachkollegen eingebunden" oder „Nach Besuch dieser Veranstaltung können die Teilnehmenden den XY-Ansatz kritisch beurteilen". Der meist fehlenden didaktischen Zielsetzung ist es geschuldet, dass sowohl Richtung als auch Schritte des inhaltlichen Prozesses im Unklaren bleiben – für Veranstalter wie für Teilnehmende. Man kann daher leicht den Eindruck gewinnen, dass Tagungen eher Funktionen wie Imagewerbung etc. erfüllen, als konkret benannte Ziele verfolgen.

Und überhaupt: Ziele für eine Tagung zu bestimmen, ist nicht einfach. Es ist ähnlich anspruchsvoll, wie geeignete Fragen zu formulieren. Ziele liegen auf unterschiedlichen Ebenen und betreffen unterschiedliche Objekte, wie hier etwa den inhaltlichen Fortschritt einerseits und die Teilnehmenden andererseits. Formuliert man mehrere Ziele, muss man sicher sein, dass sie in einem gemeinsamen Korridor liegen und sich nicht widersprechen – Zielkonflikte sind das Ende aller erfolgreichen Prozesse, nicht nur im Lehr-Lernprozess. Ziele lassen sich, wenn sie punktgenau formuliert sind, grafisch auch als Pfeil darstellen; er hat die Spitze als Ziel, den Schaft als Prozess (Dauer, Verfahren etc.) und den Pfeilbeginn als Ausgangspunkt (→ Abb. 1).

Abbildung 1: Die didaktische Dominanz des Ziels

Wie alle Modelle ist auch dieses vereinfacht und vereinfachend. Aber dennoch: In der Tagung kommt es vor allem darauf an, Ausgangspunkt und Ziel klar zu formulieren und den Prozess spannungsvoll auszugestalten. Von diesem Prozess handelt das Folgende vor allen Dingen.

1.2   Wer macht sie? Die Beteiligten

An einer Tagung sind viele Personen beteiligt. Eine oder mehrere Organisationen treten in der Regel als Veranstalter auf. Letztere sind die tragenden Strukturen bzw. die rechtsfähigen Einheiten, die die Ressourcen zur Verfügung stellen. Sie beschäftigen – auf die eine oder andere Weise – diejenigen Personen, welche die Tagung mit verteilten Rollen vorbereiten, gestalten und verantworten. Zu ihnen gehören:

o   die Veranstalterorganisation
o   das Konzeptionsteam
o   das Organisationsteam
o   die Mitarbeitenden der (externen)Tagungsstätte
o   die Referentinnen und Referenten
o   die Moderierenden
o   die (anderen) Teilnehmenden
o   die Öffentlichkeit

Die Veranstalterorganisation

Veranstalter einer Tagung sind eine oder mehrere Organisationen, die aus einem bestimmten Grund eine Tagungsform zum Erreichen eines Zieles wählen. Diese Organisationen können Firmen und Betriebe, Vereine und Institute, Verbände, Behörden, Gesellschaften und Gremien sein. Immer wird innerhalb der jeweiligen Strukturen der Organisation die Entscheidung für eine Tagung getroffen; damit verbindet sich die Entscheidung, wo in der Organisation und bei welchen Personen die Verantwortung liegt.

In den nicht seltenen Fällen einer Kooperation werden in mehreren Organisationen solche Entscheidungen getroffen. Daran knüpft sich die Entscheidung, mit welchen Personen und mit welchen Zuständigkeiten bei der Realisierung zusammenzuarbeiten ist.

In kooperativen Veranstalterkonstellationen ist die Gefahr groß, dass im Verlaufe der Tagungsplanung konfligierende Interessen auftreten, die bei der Anbahnung der Tagung nicht absehbar waren. Das mögen unterschiedliche Vorstellungen hinsichtlich der Ziele, der zu beteiligenden Personen, der Inhalte oder der Öffentlichkeitsarbeit sein. Daher ist in der Kooperationsvereinbarung festzulegen, wie möglicherweise auftretende Konflikte zu regeln sind. Unter keinen Umständen sollte aufgrund solcher Konflikte die Tagung verwässert werden, um allen und allem gerecht zu werden. Am Ende hätte niemand etwas davon, vor allem die Teilnehmenden nicht. Solche potenziellen Konflikte lassen sich vermeiden, wenn die kooperierenden Organisationen komplementär arbeiten (Nuissl, 2010).

BEISPIELE

Veranstalterkonstellationen

o *eine* Veranstalterorganisation
immer noch der häufigste Fall, obwohl die kooperativen Tagungen anteilmäßig zunehmen
Beispiel: Jahrestagung der „Sektion Erwachsenenbildung" der Deutschen Gesellschaft für Erziehungswissenschaft (DGfE)

o *zwei* Veranstalterorganisationen
zwei Institutionen gehen eine Partnerschaft ein
Beispiel: Deutsches Institut für Erwachsenenbildung (DIE) und Universität Duisburg-Essen zu einer Tagung am Campus Duisburg

o *zwei oder mehrere* Veranstalterorganisationen
dies geschieht häufig im internationalen Bereich und im Kontext von Projekten
Beispiel: die Abschlusstagung eines europäischen Projekts

o *zwei oder mehrere* Organisationen
die Organisationen können bei der Kooperation auch hierarchisch zueinander stehen
Beispiel: Tagung „Nationale Qualifikationsrahmen im europäischen Vergleich", veranstaltet von Bundesministerium für Bildung und Forschung (BMBF), Forschungsinstitut Betriebliche Bildung (fbb) und anderen Partnern in Berlin

o *mehrere* Organisationen
die Organisationen können mit verteilten Rollen zu einer Tagung zusammenfinden
Beispiel: Tagung veranstaltet von einem Projektträger mit Projektnehmern, die einzelne Workshops veranstalten

Grundsätzlich gilt: Einfacher ist es, als Veranstalter eine Tagung alleine zu verantworten. Erfolgreicher und mit größerer Wirkung kann aber eine kooperative Struktur der Veranstalter sein. Allerdings muss die Entscheidung für eine gemeinsame Veranstaltung sorgfältig bedacht sein: Ziele, Arbeitsweisen und Image spielen eine wichtige Rolle.

Bei der Entscheidung für eine Tagung sind rechtzeitig in der Vorbereitung folgende Aspekte zu reflektieren:

o die Teams der Tagungsvorbereitung (Konzeption und Organisation)
o die Zuständigkeiten und Verantwortlichkeiten von Personen
o der Zielkorridor der Veranstaltung
o der Zeitrahmen der Veranstaltung
o der finanzielle Rahmen der Veranstaltung sowie die finanziellen Ressourcen von Abteilungen innerhalb der veranstaltenden Organisation

o   das Verfahren der Zusammenarbeit mit Kooperationspartnern
o   die Abstimmungs- und Berichtspflichten
o   die Modalitäten der Abwicklung und Abrechnung
o   das intendierte Follow-up

Da eine Tagung meist eine große Außenwirksamkeit für die Veranstalterorganisation oder den kooperativen Verbund hat, sollte die Entscheidung von der Leitung bzw. den Leitungen getroffen – oder zumindest bestätigt – werden. Dabei sind auf jeden Fall die zuständigen Stellen für Public Relations und Öffentlichkeitsarbeit sowie die Finanzabteilung einzubeziehen.

> **TIPP**
>
> Legen Sie vorab fest, wer im Konfliktfall die Entscheidung trifft. Das gilt innerhalb der Organisation genauso wie in einer Kooperation mit anderen Organisationen.

Das Konzeptionsteam

Beim Zusammenstellen eines Tagungsteams kommt es darauf an, die für das Tagungsthema und -ziel notwendigen Kompetenzen, Erfahrungen und Kenntnisse zu sammeln (→ Checkliste 1).

> **CHECKLISTE 1**

Das Konzeptionsteam – Wer soll dazugehören?

Beantworten Sie folgende Fragen und suchen Sie geeignete Kandidaten.

Wer hat relevante Erfahrungen?

_____

Wer bringt frische Ideen?

_____

Wer kennt sich mit dem Inhalt aus?

_____

Wer kennt sich mit Didaktik für Großgruppen aus?

_____

Wer hat das notwendige technische Know-how?

_____

Wer hat Kenntnisse und Erfahrungen im Bereich der Öffentlichkeitsarbeit?

Wer soll die Verantwortung übernehmen?

Und nun entscheiden Sie, wer dazugehören soll. Beschränken Sie Ihre Auswahl auf die kompetentesten Mitwirkenden.

Besonders wichtig ist es, Menschen zusammenzubringen, die neugierig sind und sich auf die Aufgabe freuen. Denn um eine Tagung nicht bloß störungsfrei ablaufen zu lassen, sondern zum Leben zu erwecken, benötigt man das Engagement und die Begeisterung der Involvierten. Dies prägt nicht nur die Tagung selbst, sondern vermittelt sich auch den anderen Teilnehmenden. Das ist ein wichtiges Ziel einer Tagungsdidaktik, die alle Beteiligten „mitnimmt". Um aus Menschen mit unterschiedlichen Kompetenzen und aus unterschiedlichen Bereichen ein *Team* zu machen, empfiehlt es sich, alle Akteure von Anfang an zu beteiligen, gemeinsam eine Vision vom Endergebnis zu entwickeln und die Planung gemeinsam voranzutreiben (→ Kap. 1.3). Außerdem raten wir dazu, dass *eine* Person im Team für die Planung und Organisation der Tagung die Projektverantwortung übernimmt. Deren Aufgabe ist auch, das Team zusammenzuhalten, zu steuern, immer wieder zu motivieren und auf die gemeinsame Aufgabe einzuschwören. Dies gilt besonders an den Tagen der Veranstaltung selbst.

Je nach Größe des Tagungsteams sind die Aufgaben zu verteilen. Operative Fragen, wie Auswahl und Vorbereiten des Tagungsorts, Gestalten des Internetauftritts, Gestalten des Programms, Ansprache der Zielgruppe, Finanzplanung und -controlling, Absprache mit Referentinnen und Referenten etc., sind arbeitsteilig zu beantworten, müssen aber für alle Teammitglieder transparent sein und von allen getragen werden. Aber auch die eher grundsätzlichen oder strategischen Fragen, wie Formulierung der Ziele, Entwicklung von Dramaturgie und Konzept sowie Abschluss und Auswertung, sind vom gesamten Team zu klaren.

Zur Organisation der Teamarbeit ist in der Regel ein *Jour fixe* sinnvoll. So können z.B. einmal pro Woche anhand einer Checkliste bzw. eines „Fahrplans" (→ Kap. 1.3) der Stand der Entwicklungen besprochen und gemeinsame Entscheidungen gefällt werden. Auf diese Weise lässt sich die Vorbereitung gut strukturieren, alle Beteiligten sind stets informiert und eventuell notwendige Anpassungen lassen sich zeitnah realisieren.

Mitglieder des inhaltlich vorbereitenden Teams („Konzeptionsteam") sind es auch, die sich als Akteure für die konzeptionell und methodisch tragenden Funktionen in der

Tagung anbieten: Sie kennen Ziele und Inhalte, die eingeladenen Personen, mögliche Probleme und vor allem den Spannungsbogen und die didaktischen Erfordernisse der Tagung (s.u.).

Das Organisationsteam

In der Tagungsvorbereitung fallen viele Aufgaben an, die rein organisatorischer Natur sind. Dazu gehören etwa das Führen der Anmeldeliste, die Vorbereitung von Namensschildern, die Ausstattung mit Lehrmaterial, die Gestaltung der Tische, das Organisieren des Caterings und vieles mehr (→ Checkliste 2). Die Personen, die für diese organisatorische Vorbereitung zuständig sind, müssen nicht ständig im Vorbereitungsteam mitarbeiten, sie müssen jedoch über die sie betreffenden Entscheidungen des Teams informiert sein und andersherum das Team über das Vorankommen und eventuelle Schwierigkeiten oder Abweichungen informieren. Ihre Tätigkeiten und Entscheidungen sollten regelmäßig im Team mitberaten werden. Der Teufel steckt im Detail.

> **BEISPIEL**
>
> **Schlecht vorbereitet?**
>
> o   Falsch oder ungleich beschriftete Namensschilder können zu Irritationen bis hin zu Verärgerungen führen.
>
> o   Fehlerhaft ausgezeichnete Räume und Wege oder falsche Hinweise und Adressen können zu Fehlorientierungen führen.
>
> o   Ein fehlender Dank (an Veranstalter, Mitarbeitende, Referentinnen und Referenten, Gastgeber etc.) kann zu Frustration und Unmut führen.

Auch das Organisationsteam selbst ist für die geplante Tagung zu begeistern, der Sinn der Tagung muss ihm klar sein. Die Mitglieder des Organisationsteams sind es schließlich oft auch, die bei der Tagung dann im Tagungsbüro, am Anmeldungstisch, bei der Teilnehmerbetreuung etc. eine wichtige Rolle spielen. Sie sind auch diejenigen, die bei größeren Tagungen die ggf. zusätzlich hinzugezogenen Hilfskräfte einführen und anleiten. Und nicht zuletzt bei kooperativen Veranstalterkonstellationen sollte auf dieser Arbeitsebene eine gut koordinierte und motivierte Zusammenarbeit sichergestellt sein.

Die Mitarbeitenden der (externen) Tagungsstätte

Im Falle, dass die Tagungsstätte nicht Teil der Veranstalterorganisation ist – dies ist meist der Fall, vor allem bei größeren Tagungen –, ist das Tagungshaus bzw. die Tagungsstätte der primäre und wichtigste Kooperationspartner. Der Begriff „Kooperationspartner" gilt auch dann, wenn dieses Haus „nur" angemietet ist, also ein nachgeordnetes Dienstleistungsverhältnis besteht.

Denken Sie daran: Niemand weiß besser Bescheid über die Bedingungen eines Hauses als diejenigen, die dort dauerhaft arbeiten. Auch bei intensiven Besuchen – das ist unabdingbarer Teil jeder Tagungsvorbereitung – sind nicht alle denkbaren Fragen zu klären und anzusprechen: Wege, Orientierung, Akustik, Klima von Räumen, Raumausstattung, Elektrik, Tücken vorhandener Apparaturen etc. All dies Wissen der Mitarbeitenden der Tagungsstätte trägt zum Gelingen der Tagung bei. Es lohnt sich also, die Mitarbeitenden des Tagungshauses an bestimmten Stellen in die Vorbereitung der Tagung einzubeziehen und ihr unmittelbares Erfahrungswissen abzurufen, um einerseits unangenehme Überraschungen bei der Tagung zu vermeiden und andererseits das Erscheinungsbild der Tagung zu konkretisieren.

Die Referentinnen und Referenten

Die Referentinnen und Referenten liefern „das Fleisch in der Suppe" der Tagung; von ihnen hängt hauptsächlich ab, ob und wie das didaktische Konzept inhaltlich realisiert wird. Unter „Referenten" und „Referentinnen" werden hier alle Personen verstanden, die im Zuge der inhaltlichen Gestaltung der Tagung die Funktion haben, einen Input zu geben. Dieser „Input" kann ein Vortrag, eine Poster-Präsentation, eine Diskussionsteilnahme etc. sein. Ihre Beiträge sind im didaktischen Konzept der Tagung festgelegt, sie füllen es aus. Hier liegt eine der Kernaufgaben des Tagungsteams: Funktionen und Personen für die inhaltliche Füllung der Tagung zusammenzubringen. Es geht also nicht nur darum, die Personen auszusuchen und anzusprechen, sondern auch darum, genau festzulegen und zu kommunizieren, was von ihnen in der Tagung erwartet wird und sie davon zu überzeugen und dabei zu unterstützen (z.B. durch wiederholten Kontakt), eben dieses zu liefern. Der Erfolg dieses Überzeugens hängt von der Genauigkeit und der Stimmigkeit der Funktionsbeschreibung ab. Nur wenn dies im Konzept klar formuliert ist, können die Referentinnen und Referenten auch genaue Angaben darüber erhalten, was von ihnen erwartet wird.

Für die *inhaltliche* Funktion ist festzulegen, welche Art von „Input" (klassischer Vortrag, Vorlesung, kurzer Bericht, Meinungsäußerung etc.) erwartet wird, welche inhaltliche Frage zu beantworten ist und welche Bedeutung dieser Input im Verlaufe der Tagung hat (z.B. Impuls, Information, Diskussion etc.), worauf er aufbaut und was ihm folgt. Diese Festlegung hat für jeden einzelnen Referenten und jede Referentin im Vorfeld zu erfolgen.

Damit dieser „Input" in die didaktische Konzeption der Tagung passt, ist es sinnvoll, ihn vor der Tagung seitens des Tagungsteams zu prüfen. Er ist folglich im Voraus von den Referentinnen und Referenten zu erstellen. Man benötigt also nicht nur Personen, die in der Sache kompetent sind, sondern auch solche, die sich im Interesse der Tagung auf einen solchen Abstimmungsprozess einlassen. Dies kann schwierig werden, wenn „Hochkaräter" bzw. Persönlichkeiten mit öffentlichem Renommee angefragt werden.

TIPP

„Big Shots" mit „Wild Card"

„Hochkaräter" können auch eine „Wild Card" erhalten, also einen inhaltlichen Spielraum, der ihnen Freiraum für ihre Aktivität gibt, während das inhaltliche Gerüst der Tagung von anderen Referentinnen und Referenten getragen wird.

Ein anderer „Problemfall" im Tagungsgeschehen sind diejenigen Referentinnen und Referenten, die – aus ihrer Sicht gesehen – neben vielem anderen *auch* an Tagungen teilnehmen, ihre Aktivität in der Tagung also primär in der Passung zu ihren sonstigen Tätigkeiten sehen. Sie kommen meist später und gehen früher, ein vielfach störendes Moment des Tagungsablaufs.

TIPP

„Überflieger"

Wie ist damit umzugehen, dass externe Referentinnen und Referenten nur zu ihrem eigenen Beitrag anreisen und weder vorher noch nachher bei der Tagung anwesend sind? Dies ist dem Tagungsverlauf in der Regel eher abträglich. Es ist daher zu empfehlen, „Überflieger" zu vermeiden, dies im Vorfeld anzusprechen und im Zweifelsfall auf alternative Personen zuzugehen, die sich auf die gesamte Tagungsdauer und auf die inhaltliche Einbindung in die gesamte Tagung einlassen.

Die Moderierenden

Die methodischen Säulen der Tagungsdidaktik liefern diejenigen Personen, die vordergründig keinen eigenen inhaltlichen Beitrag leisten, sondern für eine fruchtbare und zielgerichtete Bearbeitung der inhaltlichen Beiträge (seitens der Referentinnen und Referenten wie auch seitens der Teilnehmenden) sorgen. Ihre Tätigkeit ist meist mit derjenigen der Referenten und Referentinnen verzahnt.

BEISPIEL

Was tut der Moderierende?

Eine typische Konstellation ist die Rolle des Vortrags im Plenum oder in der Gruppe (= inhaltliche Funktion) und der Moderation der Diskussion des Inputs (= methodische Funktion).

In einem gelungenen didaktischen Konzept sind die beiden Ebenen der *inhaltlichen* und *methodischen* Funktion aufeinander bezogen, am konkreten Beispiel: Inhalt und Ziel des Vortrags mit Inhalt und Ziel seiner Diskussion abgestimmt. Auch wenn diese Funktionen getrennt ausgewiesen und personal differenziert sind, gehören sie doch unabdingbar und verbindlich zusammen. Es sind jedoch nicht nur die Moderierenden, welche das Gerüst der Tagung liefern, sondern auch die Arbeitsgruppenleiter (de facto Moderierende von Arbeitsgruppen) und die Berichterstatter, Protokollanten oder Rapporteure der Gruppenarbeit. Ihre Arbeit trägt gewissermaßen die Tagung als organisierte Sozialform; sie sind als Personen und durch ihre Tätigkeit ebenso wichtig für das Gelingen einer Tagung wie die Referentinnen und Referenten.

Dies gilt umso mehr seit dem Wechsel des pädagogischen Paradigmas vom Lehren zum Lernen (Nuissl & Siebert, 2013). Eine wesentliche Aufgabe in Tagungen ist es, die Kenntnisse, Meinungen und Interessen der Teilnehmenden zu Gehör zu bringen, sie in einen sinnvollen Zusammenhang zu stellen und zielgerichtet zu strukturieren. Einbeziehen und Motivieren von Teilnehmenden, Ordnen von Inhalten und Positionen, Festhalten von Zwischenergebnissen und Zuspitzung auf Fragen und Probleme sind hier die didaktischen Herausforderungen. Sie gelten auch für die Protokollanten und Rapporteure, von denen es abhängt, wie Ergebnisse von Gruppen im Tagungsplenum erfasst und weiterbearbeitet werden. Für eine gelungene Tagung sind Referentinnen und Referenten einerseits und Moderierende andererseits gleichbedeutend – und auch mit der gleichen Sorgfalt auszusuchen und vorzubereiten.

Damit die methodischen Säulen der Tagung zum Tragen kommen, sind bestimmte Prinzipien zu formulieren und entsprechend umzusetzen. Unter dem Paradigma der Teilnehmerorientierung (Breloer, Dauber, & Tietgens, 1980) ist festzulegen, wie die Prinzipien der Partizipation, der Diskussion und des Diskurses verstanden und realisiert werden.

Methodische Prinzipien

der Partizipation

- Alle Teilnehmenden an der Tagung sind an deren Gelingen beteiligt.
- Alle Teilnehmenden haben Zugang zum und Anteil am Prozess der Tagung.
- Alle Teilnehmenden können sich gleichermaßen in die Tagung einbringen.

der Diskussion

- Alle Beiträge werden wertgeschätzt und einbezogen.
- Die Diskussionen erfolgen strukturiert und ergebnisoffen.
- Transparenz und Sicherung der Ergebnisse sind gegeben.

des Diskurses

- Gegenstand und Ziel des Diskurses sind definiert.
- Die Beiträge beziehen sich auf beides.
- Unterschiedliche Positionen werden transparent und ausgetragen.

Moderierende müssen zu diesen Prinzipien klare Vorgaben erhalten. Damit zu verbinden sind die Fragen, die für den weiteren Verlauf der Tagung zu klären sind – also auch in den Arbeitsgruppen und anderen kleinteiligeren methodischen Varianten (→ Kap. 2.4). Dies gilt auch für Rapporteure und Protokollanten sowie Podiums- und Panelteilnehmende. Für die methodisch tragenden Teile der Tagung empfiehlt es sich, Mitglieder des Konzeptionsteams zu benennen. Sie kennen am besten Konzept, Ziel und didaktische Struktur der Tagung.

Die (anderen) Teilnehmenden

„Teilnehmende" ist eine merkwürdige Bezeichnung für diejenigen Personen, die in der Tagung vordergründig keine andere Funktion als ihre Anwesenheit haben. Der Begriff hat sich in der Erwachsenenbildung eingebürgert und ist streng genommen unscharf: Teilnehmende sind alle Anwesenden, also auch die Referentinnen und Referenten sowie Moderierende. Aber hier mag die Verwendung dieses Begriffs sogar sinnvoll sein: Auch die „Teilnehmenden" ohne feste Aufgabe müssen vorbereitet werden, wenn die Tagung ertragreich ablaufen soll.

Im Grunde gelten hier dieselben Anforderungen wie in Lehr-Lernangeboten der Erwachsenenbildung: Die Ankündigung muss erläutern, welche Ziele verfolgt werden, mit welchen Methoden gearbeitet wird, wer die Fachleute sind, was als Ergebnis angestrebt wird und was von den Teilnehmenden als Voraussetzung, als Interesse und als Input erwartet wird. Mit den entsprechenden Informationen lässt sich der Zugang der Teilnehmenden steuern und lassen sich deren Erwartungen präzisieren (→ Kap. 1.5).

Hat man die Rolle der Teilnehmerschaft in der Konzeption definiert, so ist dementsprechend auch deren Begrüßung sowie Einbindung in den Tagungsverlauf zu gestalten. Dies lässt sich z.B. sehr persönlich bei bestimmten Themen gestalten, sehr sachlich und funktional oder eher partizipativ bzw. mitarbeitend bei anderen.

Die Öffentlichkeit

Die Öffentlichkeit bzw. die Fachöffentlichkeit bildet den Hintergrund für alle Teilnehmenden; während der Tagung ist sie implizit immer präsent. Gelegentlich wird sie auch virtuell, d.h. über die Nutzung des Internets (z.B. in didaktischen Sequenzen) oder über die Nutzung von Mobiltelefonen (was aber auch störend auf das soziale Geschehen wirken kann) einbezogen. Die didaktische Gestaltung der Tagung hat diesen „Resonanzboden" zu berücksichtigen: Die Relevanz der Inhalte und die Qualität der Bearbeitung stehen in engem Zusammenhang mit der „Community" des Tagungsinhalts.

Im Grunde verhält es sich, was die Nähe der einschlägig Betroffenen angeht, wie mit einer „Zwiebel", d.h. wie mit konzentrischen Kreisen: die Teilnehmenden mit fester Aufgabe im Zentrum, die Teilnehmenden ohne feste Aufgabe im engeren Kreis, die „Community" in einem weiteren Kreis und die Öffentlichkeit als Umfeld (→ Abb. 2).

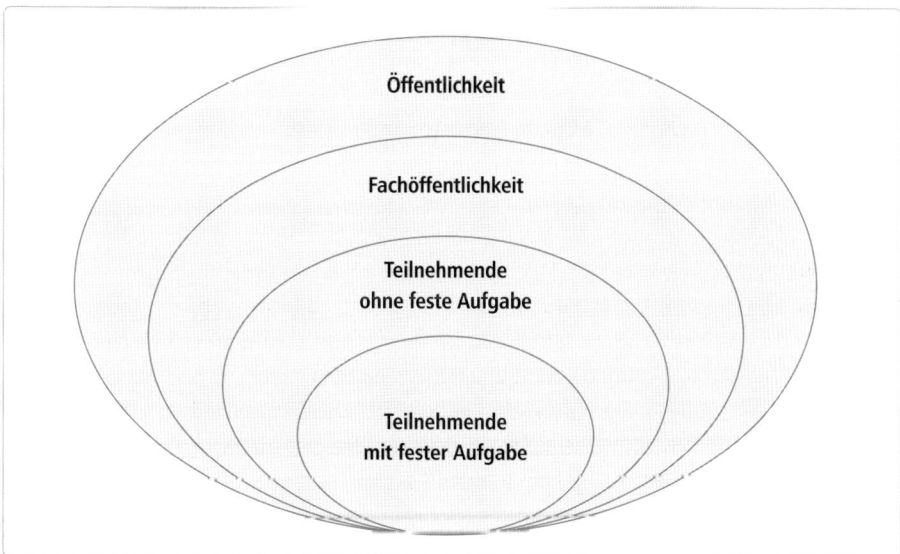

Abbildung 2: Teilnehmende und die Öffentlichkeit

Die Tagung bezieht ihre Bedeutung aus der jeweiligen Relevanz des engeren Kreises für den nächsten größeren Kreis. Mit anderen Worten: Die Teilnehmenden müssen wichtig sein in der Community, die Community wichtig in der Öffentlichkeit, wenn die Tagung ein größerer Erfolg sein soll. Dies spielt bei Tagungen immer eine wichtige, wenn auch meist nicht explizite Rolle: die Relevanz des Ganzen im öffentlichen Kontext. Fehlt sie oder ist sie nur gering, fällt es schwer, den didaktischen Spannungsbogen aufrechtzuerhalten.

1.3   Was, wann und wo? Die Planung

Die Tagung selbst ist anzugehen wie jedes andere Projekt, das gelingen soll, und bedarf einer strategischen Planung, in der auch Risiken und Chancen abgewogen werden. Führen Sie es unter fortwährender Kontrolle von Effektivität und Effizienz in einem angemessenen Umfang durch.

Ganz gewiss liegt bei der Planung einer Tagung Ihre Aufmerksamkeit darauf, deren *Inhalte und Formate* zu bestimmen. Und vermutlich werden Sie spätestens nach Lektüre des Kapitels 1.1 auch schon konkrete Ziele formulieren. Doch denken Sie daran, dass auch den Faktoren *Zeit* und *Ort* eine zentrale Bedeutung zukommt. Im Folgenden erörtern wir diese Aspekte genauer.

Inhalte und Formate

Die Inhalte und Formate, die sich für Ihre Tagung eignen, hängen von den festgelegten Zielen (→ Kap. 1.1) und der von Ihnen anvisierten Teilnehmergruppe ab. Und natürlich vom Inhalt. Alle drei Aspekte zusammen bilden die Eckpfeiler Ihres didaktischen Konzepts.

Für die Formulierung dieses Konzepts gilt: Finden Sie eine Mischung aus Bewährtem und Neuem, gerne auch Überraschendem. Vor allem aber: Finden und bestimmen Sie den Spannungsbogen und die Dramaturgie, die zu einem Ergebnis führen – das man auch als „Learning Outcome" beschreiben kann.

Inhalt und *Thema* sind zweierlei. Sie können einen bestimmten Inhalt (z.B. Ökologie oder Solidarität) an unterschiedlichen Themen bearbeiten. Ihre Ziele richten sich besser nach dem Inhalt, nicht nach dem Thema. Das Thema jedoch ist wichtig hinsichtlich der gesellschaftlichen und aktuellen Relevanz, hinsichtlich der Attraktivität für die Teilnehmenden und hinsichtlich der Bearbeitbarkeit im Tagungskontext. Entscheiden Sie sich also immer für den Inhalt, um den es geht, und das Thema der Tagung als untrennbares Ganzes. Was ist ein aktuelles Thema, was bewegt den angezielten Adressatenkreis? Gibt es zu dem ausgewählten Thema genügend Stoff und Personen, die etwas zu sagen haben? Lässt sich mein inhaltliches Ziel mit diesem Thema in einer Tagung realisieren?

TIPP

Besprechen Sie sich mit wichtigen Akteuren (immer häufiger „Stakeholder" genannt) in Ihrem Bereich, um die Grundlage für Ihre Entscheidung hinsichtlich Inhalt und Thema zu verbessern. „Wichtig" sind diejenigen Personen, die sich damit – und mit der sozialen Relevanz – auskennen, Ziele, Inhalte und Personen der Tagung angemessen einzuschätzen vermögen, von ihrem Status her die Tagung auch unterstützen können und mit all diesen Kompetenzen auch im Bereich wahrgenommen werden. Achten Sie darauf, dass die Ratschläge der befragten Akteure nicht durch Eigeninteressen („da will ich unbedingt die Keynote halten") gesteuert sind.

Stehen Thema und Inhalt der Veranstaltung fest, gilt es, das Thema mit Blick auf den zu bearbeitenden Inhalt für die Tagung auszudifferenzieren. Wollen Sie etwa den Inhalt „Interkulturalität" am Thema der Migration bearbeiten, geht es darum, Aspekte der Migration zu benennen (etwa Herkunft, Aufnahme, Sprache, Religion, Familie), in eine Tagungsstruktur zu übersetzen und den inhaltlichen Spannungsbogen zum Ziel „interkulturelles Verstehen" aufzubauen, in diesem Fall: an konkreten Fällen eine immer bessere Kenntnis von kulturellen Unterschieden und Gemeinsamkeiten zu erwerben und ein Verständnis für deren Ursachen und Zusammenhänge zu entwickeln. Hier hilft die Absprache mit potenziellen inhaltlichen Akteuren (Woran arbeiten sie gerade, was sind deren Schwerpunkte und diskutierten Probleme?), passende Formate zu entwickeln (→ Kap. 2.2).

Zeit

Mit genügend zeitlichem Vorlauf sichert man sich Spielraum, um innovative Ideen umzusetzen, engagierte Referentinnen und Referenten anzufragen oder interessierte und interessante Teilnehmende für die Veranstaltung zu gewinnen. Allerdings: Ein zeitlich zu langer Vorlauf kann für Motivation und Dynamik und Aktualität ungünstig sein. Der Termin der Veranstaltung und der Ort, an dem sie durchgeführt wird, beeinflussen Interessierte bei der Entscheidung für oder gegen eine Teilnahme.

Bei der Entscheidung über den Termin und die Dauer einer Tagung spielen verschiedene Faktoren eine Rolle; die wichtigsten sind das Ziel der Tagung und das vorhandene Budget. Entscheiden Sie zunächst, ob eine Tagung einen Tag oder mehrere Tage dauern soll und ggf. wie viele Tage. Länger ist nicht unbedingt besser. Kommen allerdings viele Teilnehmende von weit angereist, empfiehlt sich eine mehrtägige Veranstaltung (z.B. mit Beginn am Mittag und Ende ebenfalls am Mittag des darauffolgenden oder übernächsten Tages), so dass die Teilnehmenden An- und Abreisezeiten berücksichtigen können. Insbesondere bei Tagungen mit internationalen Gästen ist hierauf zu achten.

Für die Entscheidung über die Dauer sollten Sie eine Vorstellung von den potenziellen Teilnehmenden haben: Wen adressieren Sie mit der Einladung? Wer wird wahrscheinlich kommen? Bei mehrtägigen Veranstaltungen organisieren Sie im Vorfeld dann Unterbringungsmöglichkeiten (Tagungshaus oder Hotelkontingente) (→ Kap. 3.1).

Für die Wahl des Termins sollten Sie auch die Konkurrenz kennen, also andere Tagungen, die Ihre potenziellen Teilnehmenden interessieren könnten. Es lohnt sich ein Blick auf Veranstaltungen der Vorjahre; meist liegen wiederkehrende Veranstaltungen an ähnlichen Terminen (beachten Sie auch Tagungen, die zwei- oder mehrjährig stattfinden). Meiden Sie Termine, die nahe an anderen Veranstaltungen und Ferienzeiten liegen oder sich gar überschneiden.

TIPP

Am Wochenende oder wochentags?

Denken Sie über Ihre potenziellen Teilnehmenden nach. Wann passt es den meisten am besten? Selbstständige besuchen Tagungen bevorzugt am Wochenende, da es hier seltener zu Konflikten mit Aufträgen kommt. Abhängig Beschäftigte bevorzugen eher Termine unterhalb der Woche, die in ihre Arbeitszeit fallen und für die sie im günstigen Falle freigestellt werden. Menschen mit Familien haben aus gutem Grund meist Probleme mit Wochenenden.

Veranstaltungsort

Während der Planungsphase muss zu einem frühen Zeitpunkt entschieden werden, an welchem Ort die Tagung stattfinden soll. Prinzipiell kann man die eigene Einrichtung, nahegelegene Tagungshäuser oder andere besser erreichbare Veranstaltungsorte wählen. Jede Variante hat Vor- und Nachteile:

o   eigene Einrichtung: „Heimvorteil" vs. mögliche Ablenkung durch Alltägliches
o   Tagungshaus: „Gruppenfahrt"-Atmosphäre vs. schlechte Erreichbarkeit
o   zentraler Veranstaltungsort: Attraktivität vs. „Fluchtgefahr"

Der Ort sollte auf jeden Fall zur Institution, zur Veranstaltung und zu den Teilnehmenden passen. Hierbei kann Verbindendes (z.B. Kulturschaffende im Museum) oder Konträres (z.B. Geisteswissenschaftler in stillgelegter Zeche) attraktiv sein. Besonders bei internationalen Tagungen oder vielen Konkurrenztagungen spielt die Attraktivität des Ortes eine wichtige Rolle. Die folgende Checkliste enthält Fragen, die bei der Entscheidung helfen, welcher der richtige Ort für Ihre Veranstaltung ist.

CHECKLISTE 2

Wahl des Tagungsorts

Beantworten Sie folgende Fragen und prüfen Sie dann, ob der Ort richtig gewählt ist. Je nach Veranstaltung werden nicht alle Fragen zu beantworten sein.

Welche Personen werden angesprochen?

_____

Wo können die Teilnehmenden auch Freizeit gemeinsam verbringen?

_____

Welche Gruppendynamik ist gewünscht?

_____

Was bietet der Ort neben der Tagung?

_____

Welche Möglichkeit für einen Gang ins Freie gibt es?

_____

Welche Ausflüge sind denkbar?

_____

Mit wie vielen Teilnehmenden wird gerechnet?

_____

Wie viele Räume in welchen Größen werden gebraucht?

_____

Wie sollen die Räume ausgestattet sein (Möblierung, Medien, Material)?

_____

Welche technischen Anforderungen bestehen generell (z.B. WiFi)?

_____

Von wem kann Catering bereitgestellt werden?

Wie viele Übernachtungsmöglichkeiten vor Ort werden benötigt?

_____

Welche Übernachtungsmöglichkeiten gibt es in der Nähe?

_____

Wie ist der jeweilige Ort zu erreichen (mit ÖPNV, mit PKW)?

_____

Welcher Flughafen ist in der Nähe?

_____

Welche Firmen bieten einen Shuttle-Service?

_____

Wo gibt es ausreichend Parkplätze?

_____

Welche zeitnah stattfindenden Veranstaltungen gibt es am selben Ort?

_____

Welche Abendveranstaltung soll am Tagungsort stattfinden?

_____

Welche personelle Unterstützung durch die Tagungseinrichtung wird benötigt?

_____

Und nun – was meinen Sie? Passt der Ort zur Veranstaltung und zu den Teilnehmenden?

☐ Ja   ☐ Nein   ☐ Bedingt

Fahren Sie immer zu Ihrem favorisierten Veranstaltungsort, schauen Sie sich alles genau an und stellen Sie viele Fragen. Falls es Übernachtungsmöglichkeiten gibt, schauen Sie sich auch diese an. Und falls der Tagungsort Catering anbietet, so informieren Sie sich und probieren Sie.

TIPP

Alternativ denken: Warum nicht Online-Konferenz?

Zunächst einmal vielleicht überraschend, trotzdem manchmal die Lösung für kleine Budgets: Überlegen Sie, ob statt eines Präsenztreffens eine Online-Lösung infrage kommt, bei der die Teilnehmenden sich nur virtuell treffen. Vielleicht kann eine Tagung so auch verkürzt werden, indem man Workshop-Phasen online oder per Streaming vor- oder nachlagert.

Vorteile

o   geringere Kosten

o   weniger Vorbereitungsaufwand

o   keine Anreise, deshalb geringerer zeitlicher Aufwand für Teilnehmende

o   mehrmaliges Zusammenkommen zu verschiedenen Terminen möglich

Nachteile

o   soziale Vernetzung ist begrenzt

o   möglicherweise weniger attraktiv als Reise

o   geringere Verbindlichkeit der Teilnahme

o   ggf. fehlende medientechnische Voraussetzungen bei Teilnahmeinteressierten oder Teilnehmenden

Das „Projekt" Tagung

Bei einer Tagung handelt es sich für die durchführende Institution um ein *Projekt*. Projekte müssen geplant werden. Sie sind gekennzeichnet durch

o   ihre Einmaligkeit,

o   ein klar definiertes Ziel,

o   zeitliche und personelle Eckwerte,

o   Begrenzungen von Räumen, Finanzen und Ressourcen,

o   ihre Unterscheidbarkeit von anderen Vorhaben,

o   eine projektspezifische Organisation,

o   eine Komplexität in Inhalten und Aufgaben und

o   ihre Interdisziplinarität (Klein, 2010).

Auch bei einer Tagung empfiehlt es sich also, in der Planung und Durchführung auf Instrumente aus dem Projektmanagement zurückzugreifen, denn diese eignen sich hervorragend, um eine solch komplexe Aufgabe zu bewältigen. Wir schlagen ein Vorgehen in fünf Schritten vor:

1.   Grobplanung der Tagung erstellen
2.   „smarte" Ziele für die Tagung festlegen
3.   Aufgaben definieren und strukturieren

4. Arbeitspakete formulieren
5. Checkliste zusammenfügen

1. Grobplanung der Tagung erstellen
Ein Jahr vor der geplanten Tagung sollten Sie mit der Planung beginnen, bei internationalen Tagungen früher. Bei Folgeveranstaltungen ist es wichtig, Eindrücke der Vorveranstaltung einfließen lassen. Hier sollte die Planung – zumindest das erste Treffen – gemeinsam mit der Auswertung der Vorveranstaltung beginnen: Was soll beibehalten werden? Was geändert? Welche neuen Ideen gibt es?

Bevor Sie in die konkrete Planung einsteigen, die auch eine Aufgabenverteilung und Zeitplanung erfordert, gilt es zunächst, wichtige Fragen zu klären und gemeinsam in der Planungsrunde, in Absprache mit den wichtigen beteiligten Akteuren wie Fachverbänden etc., eine *Idee* von der Veranstaltung zu bekommen. Hierbei unterstützen die Fragen in der folgenden Checkliste.

CHECKLISTE 3

Grobplanung der Tagung

Bearbeiten Sie die folgenden Fragen.

Was ist der Grund für die Veranstaltung?

_____

Was sind die Ziele der Veranstaltung?

_____

An wen richtet sich die Veranstaltung?

_____

Welche (inhaltlichen) Ergebnisse sollen erreicht werden?

_____

Was sollen die Teilnehmenden am Ende der Veranstaltung gelernt haben?

_____

Woran sollen sich die Teilnehmenden auf jeden Fall erinnern, wenn sie an die Veranstaltung denken?

_____

Wie lange soll die Veranstaltung dauern?

_____

Aus welchen und wie vielen Einheiten soll die Veranstaltung bestehen?

_____

Mit wie vielen Teilnehmenden ist zu rechnen?

_____

Was ist der beste Zeitpunkt für die Veranstaltung?

_____

Gibt es andere wichtige Veranstaltungen, mit denen diese nicht kollidieren darf?

_____

Gibt es diesbezügliche Traditionen?

_____

Welcher Ort ist für die Tagung geeignet?

_____

Welche externe Unterstützung wird benötigt (Technik, Catering etc.)?

_____

Das German Convention Bureau e.V. schlägt vor, sich für die Planung einer Tagung Rat und Unterstützer zu suchen und berät auch selbst (www.gcb.de). Die folgenden Informationsquellen werden empfohlen:

Informationsmaterial
- Veranstaltungsverzeichnisse
- Internet
- Gelbe Seiten
- Reiseführer
- Branchenzeitschriften
- Werbepost
- Hotelführer
- eigene Unterlagen

Agenturen
- professionelle Kongressorganisatoren (PCOs)
- Incentive- und Eventagenturen
- Reisebüros

Sonstige

- o   Fluggesellschaften
- o   Fachmessen
- o   Abteilungen Ihrer Organisation
- o   Kolleginnen und Kollegen
- o   Verbände der Veranstaltungsbrache
- o   Besichtigungsreisen im Rahmen von Werbeveranstaltungen

2. Smarte Ziele für die Tagung festlegen

Nachdem die Grobplanung abgeschlossen ist und die Ausrichtung der Tagung feststeht, empfiehlt es sich, die organisatorischen Teilziele für die Veranstaltung festzulegen, damit Entscheidungen, die es im Laufe der Planungen zu treffen gilt (z.B. die Verteilung des Budgets betreffend), daran ausgerichtet werden können. Im Projektmanagement hat sich die *SMART-Formel* hierfür durchgesetzt.

Smarte Ziele sind

S   *specific* – konkret

M   *measurable* – messbar

A   *achievable* – erreichbar

R   *realistic* – wirklichkeitsnah

T   *time-scaled* – terminiert

Ein *smartes* Ziel für Ihre Tagung könnte z.B. lauten: „Bis Ende April 2018 erwarten wir 200 verbindliche Anmeldungen von Praktikern und Praktikerinnen für die Veranstaltung". Ein solches Ziel kann man präzise setzen und dann beobachten, ob und wie genau man das Ziel erreicht.

3. Aufgaben definieren und strukturieren

Hierzu müssen zunächst Aufgaben gesammelt und definiert werden: Was ist *alles* zu tun? Was *genau* ist zu tun? Anschließend müssen die Aufgaben sortiert werden, erstens in eine sinnvolle zeitliche Reihenfolge (Ablauforganisation) und zweitens in Unteraufgaben und Zuständigkeiten durchführender Personen (Aufbauorganisation).

TIPP

Bei der Formulierung von (Teil-)Aufgaben hilft es, die Verbalform zu verwenden. Bei der Auswahl der Verben fällt am ehesten auf, wenn eine Aufgabe noch ausdifferenziert werden muss.

Beispiel: Veranstaltungsflyer müssen *entworfen*, *gedruckt*, *versendet* und *ausgelegt* werden.

4. Arbeitspakete formulieren

„Arbeitspakete" werden von Litke, Kunow und Schulz-Wimmer als solche „abgrenzbare Aufgaben" bezeichnet, „die nicht weiter sinnvoll unterteilt werden können" (2012, S. 76). Ein Arbeitspaket umfasst immer dessen Namen und Nummer, das festgelegte Ziel, die Aufgabenstellung, die verantwortliche Person, den geschätzten zeitlichen Aufwand und dort, wo sinnvoll, einen Beginn sowie den Zeitpunkt, zu dem es abgeschlossen sein soll. Auch das zur Verfügung stehende Budget sowie Erläuterungen und Kommentare gehören hierzu.

Arbeitspakete können kleiner oder größer sein, auf jeden Fall aber müssen sie mit den verfügbaren Ressourcen bearbeitbar sein. Die Bearbeitbarkeit ist nicht nur eine Frage der erforderlichen Ressourcen, sondern auch des zeitlich strukturierten Bedarfs. Tagungen werden lange im Voraus (mit etwa einem Jahr Vorlaufzeit) begonnen, haben aber Phasen intensiverer und weniger intensiver Arbeit – je nach den erforderlichen Arbeitsschritten.

„Arbeitsschritte" sollten so ausführlich wie nötig und so knapp wie möglich formuliert werden. Für die Abschätzung des zeitlichen Aufwands gilt: Planen Sie mit Puffern, anderen Aufgaben der beteiligten Personen sowie möglichen Krankheits- und Erholungszeiten. Planen Sie nur tatsächlich vorhandene Kapazitäten ein. Bei der Zeitplanung berücksichtigen Sie auch Vorläufe, die externe Partner benötigen, wie Lieferzeiten oder Bestellfristen (z.B. beim Caterer).

5. Checkliste zusammenfügen

Zu Beginn der Planungsphase einer Tagung steht eine Checkliste, d.h. eine übersichtliche Darstellung aller Arbeitspakete in chronologischer Reihenfolge. Das, was zuerst zu erledigen ist, steht ganz oben. Auch die Gliederung nach Bereichen (wie Öffentlichkeitsarbeit, Technik etc.) kann sinnvoll sein, auch dies erfolgt dann chronologisch. Die Checkliste wird so zum Manifest und „Manual" Ihrer Veranstaltung: Wenn alles auf der Liste ist, wird an alles gedacht.

BEISPIEL

Checkliste (Auszug)

Nr.	Arbeitspaket	Bemerkung	verantwortlich	zu erledigen bis	erledigt
1	Veranstaltungsorte (VO) recherchieren	Liste liegt bei Frau Schmidt vor	Herr Sengin	31.05.2018	
2	VO anfragen	–	Herr Sengin	08.06.2018	
3	VO im Team vorstellen	in Jour fixe	Herr Sengin	09.06.2018	
4	Referenten A–D anfragen	persönlich	Frau Dr. Müller	20.07.2018	
5	Referenten E–G anfragen	persönlich	Frau Dr. Ziebell	20.07.2018	
6					
7					

Oft lassen sich Arbeitspakete nicht nacheinander erledigen, sondern setzen einen bestimmten erreichten Stand in einem anderen Arbeitspaket voraus. Dann empfiehlt es sich, zunächst ein Ablaufdiagramm zu erstellen, in dem auch die Verzahnung der Arbeiten erkennbar ist.

BEISPIEL

Ablaufdiagramm (Kurzversion)

Nr.	Arbeitspaket	März	April	Mai	Juni	Juli
1	Veranstaltungsorte (VO) recherchieren					
2	VO anfragen					
3	VO im Team vorstellen					
4	Referenten A–D anfragen					
5	Referenten E–G anfragen					
6						
7						

Sind Sie fit in der Planung und Umsetzung einer Veranstaltung oder handelt es sich um eine kleine Tagung, so kann die Definition von Arbeitspaketen wegfallen und direkt in die Checkliste münden. Wir empfehlen dennoch, alle Schritte der Planung durchzuführen, denn in dieser frühen Phase lassen sich Missverständnisse ausräumen. Außerdem eignen sich Checkliste und Ablaufplan am besten dafür, dass sich alle Beteiligten der anstehenden Aufgaben vergewissern. Die Zeit, die für diese Planungsaktivitäten benötigt wird, sparen Sie später wieder ein.

Projektmanagement

Das Buch ist geeignet, wenn Sie sich ins Projektmanagement einarbeiten wollen. Die Beispiele aus dem kulturellen Bereich können auf die Planung einer Veranstaltung übertragen werden.

○ Klein, A. (2010). *Projektmanagement für Kulturmanager* (4. Aufl.). Wiesbaden: VS Verlag für Sozialwissenschaften.

Risikomanagement

Wie bei jedem Projekt gibt es auch bei der Planung einer Veranstaltung Risiken, mit denen Sie sich vorab auseinandersetzen sollten. Werden Sie sich im Vorbereitungsteam über Risiken und Unwägbarkeiten klar. In klassischen Projekten arbeitet man zu diesem Zweck mit der Erstellung eines sogenannten *Risikoportfolios* (→ Abb. 3).

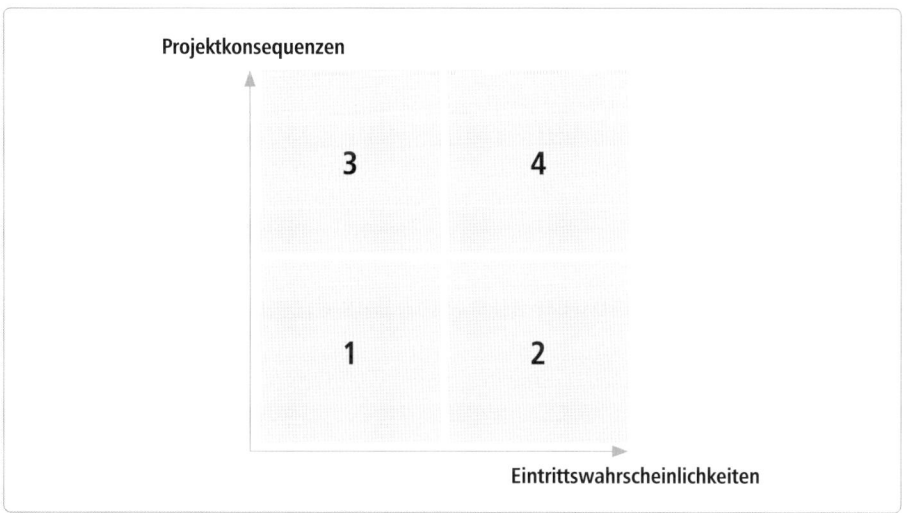

Abbildung 3: Risikoportfolio (Klein, 2010, S. 34)

Auf einem Grafen mit einer Achse *Eintrittswahrscheinlichkeit* und einer anderen *Projektkonsequenzen* trägt man im Team ermittelte Risiken ein. Es werden Risiken in vier Feldern sichtbar:

1. Eintrittswahrscheinlichkeit und Konsequenzen gering,
2. Eintrittswahrscheinlichkeit groß, aber Konsequenzen gering,
3. Eintrittswahrscheinlichkeit gering, aber Konsequenzen groß und
4. Eintrittswahrscheinlichkeit und Konsequenzen groß.

Auf Basis des Risikoportfolios lassen sich Maßnahmen ableiten, um Risiken zu minimieren oder Alternativen bzw. Ausweichpläne zu entwickeln. Dies ist besonders wichtig für die Risiken im vierten Quadranten.

BEISPIEL

Risiken und Risikominimierung

- Bahnstreik → zweiten Einstieg für Nachzügler anbieten
- Wetterchaos → Schirmverleih aufmachen, Shuttle anbieten
- Vortragender fällt aus → Workshops anders durchführen
- Moderation fällt aus → Backup-Moderierende in petto haben
- interessante Tagung parallel → intensive Recherche vergangener Tagungen
- uninteressante Themen → Experten zum vorläufigen Programm befragen
- Zeitprobleme bei der Durchführung → Zeitwächterfunktion kommunizieren, Puffer einplanen
- technische Probleme während Veranstaltung → Techniknotdienst bereithalten

---

Sie werden festgestellt haben, dass es zwei Wege gibt, mit Risiken umzugehen: Prophylaxe und Intervention. Wo möglich, bereiten Sie einen Plan B vor, planen Sie mehr Material und Personal, Räume und Technik ein als benötigt. Belassen Sie kompetente Kolleginnen und Kollegen ohne Aufgabe und bitten Sie diese vorab, im Notfall „einzuspringen".

1.4   Wie sieht die Tagung nun aus? Das Programm

Im Grundsatz gilt: Keine Tagung ohne Programm. Das Programm erfüllt zweierlei Aufgaben: Es ist das Abschlussdokument des Planungs- und Vorbereitungsprozesses und zugleich die Vertragsgrundlage zwischen den Veranstaltenden und den Teilnehmenden. Das Programm ist Grundlage der Arbeit der Referentinnen und Referenten, Moderierenden etc. sowie der Entscheidung für die Teilnahme. Was im Programm steht, wird auch erwartet, Änderungen müssen erklärt und entschuldigt werden.

Allerdings: Programm ist nicht gleich Programm. Der Begriff kommt aus dem griechischen *pro-graphein* und bedeutet so viel wie: vorschreiben, ansagen. Das kann in unterschiedlichster Weise ausgefüllt werden. In Rumänien hängt an der Tür vieler Geschäfte ein Schild mit der Überschrift „program zilnic" (Tagesprogramm), auf dem nichts weiter vermerkt ist als die Öffnungszeiten. Analog hieße das bei Tagungen: Das Programm besagt nur, von wann bis wann und wo die Tagung stattfindet sowie – ein wenig wie an rumänischen Geschäften – was man darin im Großen und Ganzen erwarten kann.

Die Formulierung von Programmen hat sich – zumindest im deutschen Sprachbereich – aber anders entwickelt. Sie sind sehr detailliert, was Zeiten, Personen und Themen angeht, weisen die generelle Richtung der Tagung aus in einem kurzen Text, verweisen auf Tagungsorte, An- und Abreise-Modalitäten sowie Verfahren der Anmeldung. Gelegentlich wird auch – neben dem Inhalt – im Text das Ziel der Veranstaltung genannt.

In der Tagungsrealität wird das Programm mit Zähnen und Klauen von den Verantwortlichen gegen alle Unbill der Praxis verteidigt: Redner, die zu lange sprechen, Essenszeiten, die überzogen werden, Arbeitsgruppen, die zu lange tagen, Ausfälle von Aktiven, Probleme mit Medien oder überzogene Diskussionsbedarfe und -zeiten. Manchmal hat man den Eindruck, dass das Programm wichtiger ist als der eigentliche Ablauf der Tagung.

Natürlich muss das Programm als Vertragsgrundlage zwischen Teilnehmenden und Veranstaltern eine gewisse Verbindlichkeit und Genauigkeit haben, man sollte aber auch keine Furcht vor einer gewissen Flexibilität schon in der Programmformulierung haben. Die genaue Angabe von Pausenzeiten etwa („Pause 15.15 bis 15.30 Uhr") ist eher als Steuerungsinformation für das Catering und die Arbeitsgruppenleiter interessant als für die Entscheidung, ob man an der Tagung teilnimmt. Die Aussagen im Programm sollten vielmehr folgende Fragen im Blick haben:

○ *Was steht im erläuternden (und werbenden) Kurztext?*
  Hier sind oft sehr verschwommene Texte zu lesen, ganz im Widerspruch zu den minutiösen Zeitangaben der Tagungsabläufe. Wichtig wäre es, hier präzise Anlass, Ziel, Ablauf und erwartetes Ergebnis zu formulieren – Letzteres im Sinne der Didaktik als Outcome für die Lernenden bzw. Teilnehmenden.

○ *Welche Personen werden genannt?*
  Hier sind grundsätzlich alle Aktiven zu nennen, also – neben den Referentinnen und Referenten – auch die Moderierenden (und evtl. Rapporteure, soweit bekannt). „Hochkaräter" oder „Big Shots" mit der Anmerkung „angefragt" aufzuführen ist eher peinlich. Titel und Funktionen müssen einheitlich mitgeteilt werden.

○ *Mit welchen (weiteren) Teilnehmenden ist zu rechnen?*
  Hier gibt es selten Informationen. Wichtig ist, die Zielgruppe und die erwartete Zahl von Anwesenden zu benennen, auch, welche Expertise von diesen erwartet wird. Weisen Sie darauf hin, wenn Sie mit einer internationalen Teilnehmerschaft rechnen.

○ *Mit welchen Methoden wird gearbeitet?*
  Auch das wird selten expliziert. Wichtig wäre ein Hinweis auf die angewandten methodischen Prinzipien und die Rolle von Diskussion, Vortrag, Arbeitsgruppe etc. Auch wären Angaben darüber zu machen, in welches Verhältnis die Ergebnisse von Gruppen- und Plenararbeit gebracht werden. Bei *besonderen* Formen von Tagungen sollte hier darauf hingewiesen werden, z.B. wenn es sich um eine sogenannte „Learning Conference" handelt, bei der es weniger um Vorträge geht als im Kern

darum, gemeinsam in Gruppen neues Wissen zu erarbeiten und sich auszutauschen oder z.B. um ein „BarCamp" (→ Kap. 2.3).

o *Wie sind die Zeiten der Tagung organisiert?*
   Die übergenaue Angabe von Zeiten ist überflüssig, sie werden (vor allem im human-wissenschaftlichen Bereich) ohnehin nicht eingehalten. Es ist besser, Zeitblöcke auszu-weisen und auf die – jeweils passende – Existenz von Pausen allgemein zu verweisen (das bedeutet natürlich nicht, dass ein klares Zeitgerüst für die Organisation fehlt).

o *Wie sind organisatorische Fragen geregelt?*
   Hier wären die Informationen, die für die Anmeldung nötig sind, von den Angaben des Programms zu unterscheiden. Zwar gehört beides in die Ankündigung, das Programm sollte jedoch den Schwerpunkt auf Ziel, Prozess und Ergebnis legen. Programmrelevante organisatorische Fragen sind vor allem die Zeiten, die für die Verständigung der Teilnehmenden untereinander auch jenseits vorstrukturierter Programmteile zur Verfügung stehen, sowie die Anfangs- und Endzeiten, die man zur Reiseplanung benötigt. Hier kann es wichtig sein, schon ein Highlight zum Schluss der Tagung anzukündigen oder neugierig zu machen, damit Ihre Veranstal-tung nicht am Ende durch zu frühe Abreisende „ausfranst".

TIPP

Schreiben Sie das Programm als Programm, d.h. als *inhaltliche Vereinbarung* zwischen allen Teilnehmenden, nicht als Ankündigungs- oder Werbetext. In der Ankündigung ist das Programm dann zu integrieren in weitere Informationen.

1.5   Wer erfährt wann und wie davon? Die Ankündigung

Die Ankündigung einer Tagung ist die erste Gelegenheit, potenzielle Teilnehmende öf-fentlich und offiziell anzusprechen (vielleicht haben Sie ja schon vorab Teilnehmende auf informellem Wege angesprochen). Die Ankündigung aber erfüllt mehrere Funktio-nen: Sie informiert, sie weckt Interesse, sie wirbt, sie motiviert, sie steuert die angespro-chenen Personen auf Ziel und Inhalt der Veranstaltung hin.

Die Ankündigung muss gut vorbereitet sein und zum richtigen Zeitpunkt auf den passenden Kanälen erfolgen. Außerdem müssen Sie die richtigen Personen ansprechen. Überlegen Sie: Wer *sollte* anwesend sein (Geldgeber, politische Vertreter)? Wen *wollen* Sie dabeihaben (Fachöffentlichkeit, Praxisvertreter, Wissenschaftsvertreter)? Überlegen Sie hier auch: Wen sollten Sie persönlich (oder telefonisch) einladen, ggf. bereits schon, *bevor* die offizielle Ankündigung erfolgt, v.a. für gewünschte Beiträge (Grußworte, Key-notes, Vorträge, Moderation, Workshop-Leitung)? Beziehen Sie hier auch Institutionen und Personen ein, die die Ankündigung als Multiplikatoren verbreiten sollen.

Die Ankündigung steuert nicht nur die Interessen der Adressaten (und deren Teilnahmeentscheidung), sondern auch deren Erwartungen an die Tagung. Beides ist eine wichtige Voraussetzung für eine aktive Rolle der Teilnehmenden im didaktischen Prozess der Tagung.

Es gibt einige Minimalanforderungen an die Ankündigung, welche die Teilnehmenden im Vorfeld der Tagung erhalten. Sie sind vergleichbar den Informationen für Lernende in Angeboten der Erwachsenenbildung (→ Checkliste 4).

CHECKLISTE 4

Informationen für den Ankündigungstext

Definieren Sie folgende Aspekte bzw. prüfen Sie, ob Ihre Ankündigung folgende Informationen enthält.

Inhaltliches

☐ inhaltliches Ziel der Tagung

☐ Thema der Tagung

☐ Relevanz des Themas

☐ Erwartungen an die Teilnehmenden

☐ Referentinnen und Referenten sowie Moderierende und deren Kompetenzen

☐ Arbeitsweise und Methoden

☐ erwartetes Outcome der Tagung

Organisatorisches

☐ Tagungsort

☐ Zeiten

☐ Entgelte

☐ Tagungsdauer

☐ Möglichkeiten der Unterkunft

Nun können Sie die Ankündigung veröffentlichen.

Zeitpunkt der Ankündigung

Der Zeitpunkt der Ankündigung muss je nach Zielgruppe, Tagungsort und Gepflogenheiten in der Community gewählt werden. Seien Sie möglichst früh dran, bei einer Tagung mit internationalen Gästen mehr als ein Jahr im Voraus. Überlegen Sie, ob die Ankündigung an allen Stellen zum gleichen Zeitpunkt erfolgen muss oder ob Sie die Aufmerksamkeit für die Ankündigung dosieren wollen. Bei ungenügender Resonanz muss eventuell nachgeworben werden.

Formen der Ankündigung

Es gibt mehrere Schritte im Prozess der Ankündigung einer Tagung. Die eigentliche Einladung erfolgt zum Schluss, zunächst wird der Termin bekanntgegeben *(save the date)*, dann zu Beiträgen aufgefordert *(call for papers* oder *call for posters)*. Erst dann – also zu einem Zeitpunkt, an dem das Programm feststeht (→ Kap. 1.4) – wird das Programm publik gemacht und den Teilnehmenden die Möglichkeit zur Anmeldung gegeben.

Das *save the date* sollte möglichst früh erfolgen, damit die potenziellen Teilnehmenden sich den Termin schon einmal notieren können. Versuchen Sie schon hierbei durch einen interessanten Titel sowie einen Ausblick auf den Inhalt, ggf. auch auf den Tagungsort, Neugier zu wecken. Auch Hinweise auf das Format können neugierig machen.

Im *call for papers* (und ggf. *call for posters*) sollten Sie sehr deutlich formulieren, was Sie von den Interessierten erwarten – bezogen auf mögliche Themen, aber auch auf die Form von deren Präsentation auf der Tagung. Schon hier können Sie didaktische Hinweise geben oder erste Überlegungen abfragen: Wie viel Zeit steht zur Verfügung? Welche Impulsfragen werden an die Teilnehmenden gerichtet? Welche Medien bzw. welches Material werden eingesetzt? Was sind (Lern-)Ziele? Je mehr Anregungen Sie hier geben, desto mehr (treffende) Überlegungen aufseiten der Teilnehmenden können Sie erwarten. Machen Sie den angestrebten Charakter der Veranstaltung in einem kurzen, interessanten Text deutlich. So motivieren Sie potenzielle Einreicher, etwas zu einer gelingenden Veranstaltung beizutragen.

Die eigentliche *Einladung* sollte zu einem Zeitpunkt erfolgen, an dem das Programm (→ Kap. 1.4) feststeht und als Bestandteil der Einladung verwendet werden kann – das Programm ist „Vertragsgrundlage" bei einer einmal erfolgten Anmeldung. Angesprochene sollten sich am liebsten sofort anmelden, damit sie diese Veranstaltung auf keinen Fall verpassen – entsprechende *Incentives* (z.B. Frühbucherrabatt) sind hilfreich. Machen Sie neugierig und verweisen Sie auf weitere Details.

Versenden Sie zeitnah *Bestätigungen* an diejenigen, die sich bereits angemeldet haben.

Für *Pressemitteilungen* zu Ihrer Tagung informieren Sie sich frühzeitig über den jeweiligen Redaktionsschluss bei Presse und Fachmedien. Beziehen Sie hier rechtzeitig auch die Sozialen Netzwerke mit ein, so dass Interessenten – und ohne, dass Sie selbst das steuern können – die Information weiterleiten.

TIPP

Neue Medien sind ein Muss

Für die Ankündigung ist es heute selbstverständlich – und unverzichtbar – eine Website zu erstellen. Diese sollte zum Zeitpunkt der Ankündigung unbedingt stehen. Hier können Sie Details zu Inhalten, Formaten und Beteiligten bereithalten und organisatorische Hinweise geben (z.B. Hotelkontingente). Definieren Sie die Anmeldefrist und verweisen Sie eventuell auf einen „Early-Bird-Tarif". Nennen Sie außerdem einen Kontakt für Rückfragen. Nutzen Sie außerdem soziale Medien wie Twitter oder Facebook, je nachdem, wie Ihr potenzieller Teilnehmerkreis vernetzt ist.

Eine andere Strategie ist es, nicht den einen Ankündigungszeitpunkt zu wählen, sondern häppchenweise immer wieder über den Fortgang der Tagungsplanung zu berichten. Dies ist gut möglich in einer über die Sozialen Netzwerke vernetzten Community, z.B. über Twitter, Facebook oder einen Tagungsblog.

Sollten nicht genügend Anmeldungen zu einem festgelegten Zeitpunkt erfolgt sein – Kennzahlen hierfür sollten in den Teilzielen für die Veranstaltung festgelegt werden –, so empfiehlt es sich, noch einmal zu werben und ggf. den Anmeldungszeitraum zu verlängern.

CHECKLISTE 5

Meilensteine im Tagungsvorfeld

Prüfen Sie, ob Sie folgende Dinge im Vorfeld erledigt haben.

☐ Entscheidung für die Tagung

☐ Tagungsteams eingesetzt

☐ Konzept ausformuliert

☐ Kosten und Finanzierung geklärt

☐ Tagungsort gebucht

☐ Save the date versandt

☐ Aktive angesprochen/angefragt

☐ Call for papers/posters ausgegeben

☐ Organisationsfragen geklärt

☐ Materialien erstellt

☐ Tagungsbeiträge reviewt

☐ Tagungsbüro installiert

☐ Anmeldungen abgeschlossen

Nun können Sie die Teilnehmenden willkommen heißen und die Tagung eröffnen!

Medien der Ankündigung

Die Medien der Ankündigung entscheiden wesentlich darüber mit, ob Sie potenziell Interessierte erreichen. Versuchen Sie, die Sprache Ihrer Zielgruppe zu treffen. Gegebenenfalls haben Sie verschiedene Zielgruppen, dann müssen Sie überlegen, ob Sie mit einem Text auskommen oder ob Sie verschiedene Texte brauchen. Die Medien der Ansprache und die Zielgruppe bestimmen die Textsorte und Sprache, die Sie verwenden sollten. Werten Sie hierzu Ankündigungen erfolgreicher Veranstaltungen in der Vergangenheit aus.

BEISPIEL

Medien der Ankündigung

o *Lokalpresse*
  Zeitungen vor Ort; Lokal- und Regionalbezug der Veranstaltung beachten! Textniveau anpassen!

o *Fachzeitschrift*
  überregional, sektoral (Fach); Bezug zur Community herstellen, Begriffe und Sprache beachten!

o *Poster*
  Visualisierung (z.B. Grafik), Bildsprache an Zielgruppe orientieren! Neugierde wecken!

o *Flyer*
  kurz, Interesse wecken!

o *Broschüre*
  Informationen breit streuen, Preis und Verteilung beachten!

o *Brief*
  gezielt adressieren! Adressenspeicher checken (Doppelungen und falsche Adressen meiden)!

o *Mailing*
  Vorsicht! Geringe Barrieren, viele Fehlerquellen, unbekannte Adressaten, viele Unzustellbarkeiten!

o *Tagungshomepage*
  wichtig, Gestaltung, interaktiv sichtbar machen!

o *Blog*
  zeitnahe Berichte vor, während und nach der Tagung!

o *soziale Medien*
  Twitter, Facebook, XING etc.: Medienkompetenz vorausgesetzt!

o *Newsletter*
  Vorsicht! Viele Newsletter im Umlauf, Lesbarkeit auf Mobilgeräten, geringe Dauerhaftigkeit!

Medien der Ankündigung gibt es zahlreiche. Nutzen Sie etablierte Medien und versuchen Sie, innovative Medien zu besetzen, sofern diese für Ihren Adressatenkreis zugänglich sind. Das Versenden von Werbematerial wie Flyern, kann über Post oder über E-Mail erfolgen. Außerdem können Sie Fachzeitschriften oder neu erscheinenden Büchern Informationsmaterial beigeben und dieses auch auf einschlägigen Veranstaltungen, z.B. anderen Tagungen, auslegen.

Überlegen Sie: Welche Netzwerke wollen Sie erreichen und welche Wege gibt es jeweils? Dies können Mailinglisten sein oder andere virtuelle Gruppen, vielleicht gibt es beliebte Blogs oder Twitter-Accounts mit vielen „Followern" in der jeweiligen Community. Und bedenken Sie: Die immer noch wirksamste Art der Werbung ist diejenige von Mund zu Ohr.

1.6 Was kostet die Tagung? Die Finanzierung

Tagungen kosten Geld. In der Regel kosten sie mehr Geld, als auf den ersten Blick ersichtlich und im Budget ausgewiesen ist. Die Finanzierung der Veranstaltung ist nicht nur für den Veranstalter wichtig, sondern auch für die Teilnehmenden. Gespart werden darf nicht an den falschen Stellen, aber eine üppige Ausstattung mit Finanzen sollte auch nicht Ziel und Botschaft der Tagung konterkarieren.

> **BEISPIEL**
>
> **Don't!**
>
> Bei einer Tagung über Ökologie oder Nachhaltigkeit sollte man auf teure, nicht nachhaltige „Give-aways" verzichten, auch wenn das Budget dies ermöglichen würde. Vielleicht sollte man auf solche Give-aways auch generell verzichten.

Bei allem, was geplant wird, ist die materielle, die finanzielle Seite immer zu bedenken. Dabei ist zunächst wichtig festzuhalten, dass „Kosten" keineswegs identisch sind mit der Ausgabe von Bargeld, sie sind also nicht vollständig auf einem Konto ersichtlich. „Kosten" sind auch investierte Zeiten von Personal, aufgewendetes Material, Information und Werbung und sogar der Einsatz von Image-Faktoren und Kreativität. Betrachtet man zunächst die Kosten als Ganzes, dann stellen sich drei Fragen:

1. Stehen *Kosten und Nutzen* in einem vertretbaren Verhältnis?
2. Sind die Kosten „tragbar", können sie *finanziert* werden?
3. Wie können die entstehenden Kosten *gedeckt* werden?

Kosten und Nutzen

In der Regel ist es so, dass die *Kosten* genauer berechnet werden können als der *Nutzen*, vor allem im Bereich sozialer Aktivitäten. Die Kosten fallen im Vorfeld und während der Veranstaltung an und können danach zusammengefasst berechnet werden. Der *Nutzen* kann im Vorfeld und während der Veranstaltung entstehen, lässt sich aber meist erst im Nachhinein (und oft erst sehr viel später) ermitteln; zudem ist er in aller Regel nicht in finanziellen Größen messbar. Auch ist der Nutzen – sofern vorhanden – verteilt auf alle Beteiligten, während die Kosten zunächst nur beim Veranstalter liegen.

Es kann daher sein, dass der Veranstalter für sich ein ungünstiges Verhältnis von Kosten und Nutzen feststellt, während die Teilnehmenden für sich das Verhältnis von Aufwand und Ertrag positiv definieren. Die Bewertung des Verhältnisses von Kosten und Nutzen hängt letztlich von den Zielen ab: Wenn die Ziele, vor allem die immateriellen, erreicht werden, dann lassen sich die Kosten als Investition in das angestrebte Ziel interpretieren.

Kosten und Finanzierung

Wenn Kosten entstehen, müssen sie getragen werden, wie auch immer. Nicht gedeckte Kosten ergeben Schulden, die zu Folgeproblemen führen (können). Die Finanzierung der entstehenden Kosten kann auf unterschiedliche Weise erfolgen, auch in Kombination mehrerer Quellen. Bereits bei der Planung muss jedoch dafür gesorgt werden, dass die Kosten „gedeckt" sind, das Budget also nicht überzogen wird. Unter *Budget* werden in der Regel nur die monetären Kosten verstanden, bei Veranstaltungen sind jedoch auch andere *Kostenarten* zu berücksichtigen. Im Vorfeld einer Tagung ist daher eine *Vollkosten-Kalkulation* vorzunehmen, um nachher nicht eine böse Überraschung zu erleben: eine gelungene Veranstaltung, aber ein Berg von Schulden.

Bei einer Vollkosten-Kalkulation muss man zunächst zwischen den *direkten* Kosten und den *indirekten* Kosten unterscheiden. Die *direkten Kosten* sind deutlich erkennbar mit der Veranstaltung verbunden, sie würden nicht entstehen, wenn es die Veranstaltung nicht gäbe. Die *indirekten Kosten* sind solche, die sich nicht eindeutig dieser einen Veranstaltung zurechnen lassen, letztlich aber notwendig sind, um die Veranstaltung durchzuführen. Beim Autofahren sind dies etwa die jährlichen Ausgaben für Steuer und Versicherung, ohne die das Auto nicht gefahren werden dürfte – sie sind entsprechend der im Jahr gefahrenen Strecke anteilig den Kosten der Kilometer zuzurechnen.

Erfahrungsgemäß ist es schwieriger, die indirekten Kosten zu ermitteln. Es lohnt sich daher, hierfür eine Analyse im Vorfeld der Veranstaltung durchzuführen. Ein geeignetes Instrument ist dabei die *Kostenanalyse,* in der die Kosten jeweils nach Kostenart, Kostenträger und Kostenstelle aufgelistet werden.

BEISPIEL

Kosten

direkte Kosten
Referenten-Honorare, die Aufwendungen für Catering, Werbemittel, Tagungsmaterialien, Raummieten, Verbrauch von Strom und Wasser während der Tagung und vieles andere mehr.

indirekte Kosten
Kosten eines Veranstaltungshauses (sofern Eigentum des Veranstalters), die Kosten der Leitung und der PR-Abteilung des Veranstalters, die Entwicklungskosten einer übergreifenden Veranstaltungskonzeption und vieles mehr. Auch diese Kosten sind der Veranstaltung anteilig zuzurechnen.

Der *Kostenträger* ist immer das Objekt, das Kosten verursacht. Das kann ein Produkt sein wie etwa ein Buch, eine Maßnahme oder ein Curriculum-Konzept; zu einem Kostenträger gehören jeweils einzelne Elemente (wie beim Buch: Druck, Lektorat, Papier, Autor etc.). Der Kostenträger ist in unserem Falle einfach zu definieren: Es ist die Veranstaltung selbst. Der Veranstaltung sind alle sie konstituierenden Kosten zuzuordnen, von den Kosten für die Vortragenden und das Haus bis hin zu den Kosten für Vorbereitung, Werbung und Nacharbeit.

Differenzierter wird es bei den *Kostenarten.* Im Prinzip kann man hier zwischen monetären und nicht-monetären Kosten unterscheiden. Die monetären Kosten lassen sich in Geld berechnen, die nicht-monetären Kosten allenfalls in Äquivalenten. Zu den nicht-monetären Kosten gehören vor allem die aufgewendeten Stunden des Personals (in der Vorbereitung, Durchführung und Nachbereitung der Tagung), aber auch Kommunikationskosten im weiteren Sinne sowie Image-Faktoren und Netzwerke. Zu den monetären Kosten gehören alle, die Geld kosten oder in Geld verrechnet werden.

Am komplexesten ist die Analyse der *Kostenstellen,* vor allem dann, wenn der Veranstalter eine größere Organisation ist. Kostenstelle ist der Begriff für den Ort, an dem Kosten anfallen. Bei einer Tagung sind seitens der Veranstalterorganisation in der Regel beteiligt die zuständige Fachabteilung, die Leitung, die Administration, die PR-Abteilung sowie die Innenorganisation. Für die einzelnen Elemente des Kostenträgers „Tagung" wirken diese Kostenstellen in der Regel zusammen; so sind am Veranstaltungsflyer sowohl die Fachabteilung (Text), die PR-Abteilung (Konzept, Gestaltung, Dissemination) und die Administration (Abrechnung, Druckauftrag) beteiligt. Für die Berechnung der vollen Kosten des Tagungsflyers sind die Kosten zu addieren, die bei den einzelnen Kostenstellen anfallen, wobei die nicht monetären Kosten in Äquivalenten zu kalkulieren sind.

Eine solche Vollkostenrechnung wird selten erstellt. Vor allem Personalkosten werden meist nicht voll angerechnet, insbesondere nicht im öffentlichen Dienst, wo das Personal in der Regel bereits verfügbar ist (an Universitäten etwa, wo Tagungsaktivitäten fließend in andere Tätigkeitsfelder übergehen). Aber auch in anderen Organisationen werden tagungsbezogene Arbeitszeiten nicht durchweg trennscharf ausgewiesen.

Eine beispielhafte Modellrechnung einer eintägigen Tagung mit 80 Teilnehmenden könnte folgendermaßen aussehen (→ Beispiel).

BEISPIEL

Vollkostenrechnung

Basisdatum: ein Tag, 80 Teilnehmende

Direkte Kosten	
Vorbereitungsteam (6 Personen, insges. 280 Stunden à 30 € durchschnittlich)	8.400 €
Referenten-/Moderatorenhonorare (8 Personen à 500 €)	4.000 €
Reisekosten für Referenten (im Inland)	1.600 €
Tagungsräume (inkl. Licht, Heizung, Reinigung)	800 €
Verpflegung	1.400 €
Werbung	1.000 €
Materialien	1.000 €
Tagungsbüro (4 Personen à 8 Stunden à 20 €)	640 €
Evaluation (Fragebogen, Auswertung, Versand, Information etc.)	800 €
Summe	*19.640 €*

Indirekte Kosten	
Leitung der Organisation (Overhead), 5%	1.000 €
Buchhaltung, 5%	1.000 €
Öffentlichkeitsarbeit, 10%	2.000 €
Infrastruktur (Räume, Telefon etc.), 10%	2.000 €
Sekretariat pauschal, 10%	2.000 €
Summe	*8.000 €*
Summe der direkten und indirekten Kosten (Vollkosten)	**27.640 €**

Wie man sehen kann, sind die indirekten Kosten der Tagung nicht unbeträchtlich. Sie variieren aber stark je nach Größe der Organisation, der Zahl der von ihr veranstalteten Tagungen und des Umfangs der Tagung.

Eine andere Darstellung ist die für Organisationen besonders wichtige nach Kostenstellen (→ Beispiel).

BEISPIEL

Tagungskosten nach Kostenstellen

Basisdatum: ein Tag, 80 Teilnehmende

Personalkosten	
Fachreferat a (70 Stunden à 30 €)	2.100 €
Fachreferat b (50 Stunden à 30 €)	1.500 €
Fachreferat c (Leitung, 160 Stunden à 30 €)	4.800 €
Sekretariat (100 Stunden à 20 €)	2.000 €
Buchhaltung (50 Stunden à 20 €)	1.000 €
Leitung (20 Stunden à 50 €)	1.000 €
Öffentlichkeitsarbeit (50 Stunden à 40 €)	2.000 €
Aushilfskräfte Tagungsbüro (4 Personen à 8 Stunden à 20 €)	640 €
Summe	*15.040 €*

Sachkosten	
Reisekosten	1.600 €
Honorare	4.000 €
Evaluation	800 €
Verpflegung	1.400 €
Werbung	1.000 €
Herstellung (Materialiendruck etc.)	1.000 €
Gebäude	2.800 €
Summe	*12.600 €*
Summe der Personalkosten und Sachkosten	27.640 €

Die Kostenstellen sind unterschiedlich belastet. Aber auch bei geringerer Belastung bedeutet dies: Führt eine Organisation eine Tagung durch, ist nahezu die ganze Organisation und damit auch das Budget fast jeder Abteilung betroffen. Der Beschluss, eine Tagung zu veranstalten, ist daher immer eine zentrale Entscheidung, die Konsens und Transparenz über Kosten und Budgets voraussetzt – oder zumindest empfiehlt.

Finanzierung

Wie werden die Kosten gedeckt? Dies ist eine wichtige Frage, die weit im Vorfeld der Tagung, d.h. vor dem Beschluss, sie überhaupt durchführen, zu beantworten ist. Ihre Beantwortung setzt voraus, dass eine realistische und tragfähige Kalkulation der Kosten vorliegt. Der Aufwand reduziert sich mit der Routine, d.h. Organisationen, die häufig Veranstaltungen durchführen oder über Veranstaltungsreihen verfügen, können hier auf Erfahrungen setzen.

Die einfachste und übliche Form ist die Vollfinanzierung durch den Veranstalter, also durch die Organisation, die die Tagung organisiert. Die anstehenden Finanzierungsfragen sind dann gewissermaßen „im Haus" zu klären.

WICHTIG

Wer zahlt für wen?

Die Vollfinanzierung durch die eigene Organisation läuft nicht immer problemlos. Keine Abteilung lässt es gerne zu, dass zulasten ihres Budgets Ressourcen in die Finanzierung der Veranstaltung einer anderen Abteilung fließen. Finanzierungsdiskussionen sind dann häufig mit Nutzendiskussionen verbunden – und mit Kompromissen, die einer klaren Ausrichtung der Tagung nicht selten zuwiderlaufen.

Allerdings lassen sich innerhalb einer Organisation meist Interessenkonflikte noch am ehesten klären.

Soll die Finanzierung unter Einbezug *externer* Mittel (zumindest teilweise) erfolgen, so sind sechs Möglichkeiten denkbar, die sich nicht ausschließen und in vielen Fällen auch kombiniert werden:

o Zuwendungen von Geldgebern der öffentlichen Hand (Europa, Bund, Land, Kommune)
o Zuwendungen von privaten Geldgebern (Firmen, Sponsoren)
o Kostenübernahme durch Kooperationspartner (etwa Tagungshäuser)
o Spenden von Einzelpersonen oder anderen Organisationen
o Kostenreduktion durch Verzicht (etwa bei Referenten-Honoraren)
o Einnahmen durch Teilnahmeentgelte (Tagungsbeiträge)

Öffentliche Geldgeber

Öffentliche Geldgeber sind der Bund, die Länder, die Kommunen in Deutschland sowie die Europäische Union; man kann auch die Stiftungen dazu rechnen. Die größte Wahrscheinlichkeit, Mittel der öffentlichen Hand für Tagungen zu erhalten, liegt in der Kombination der Tagung mit eingeworbenen Projekten. Andersherum formuliert: Es empfiehlt sich, bei der Projektakquise immer auch Tagungsformate einzuplanen – für Diskurse, zur Feldpartizipation, zur Dissemination der Ergebnisse und anderes mehr. Vor allem in europäischen Projekten spielt die Dissemination eine große Rolle. Solche projektbezogenen Tagungen können mit eigenen inhaltlichen Konzepten verbunden werden, zumal die Projekte ja auch im Arbeits- und Interessenfeld des Veranstalters liegen.

Öffentliche Mittel ausschließlich für Veranstaltungen sind schwer zu erhalten, hier stehen Förderrichtlinien entgegen, allenfalls Zuschüsse sind denkbar.

Firmen, Sponsoren

Firmen sind gerne bereit, Veranstaltungen zu unterstützen, wenn sie darin einen Nutzen für sich sehen und dies in ihrem Budget platzierbar ist. Am ehesten ist dies der Fall, wenn der Veranstalter und die Tagung (ihr Inhalt und ihre Teilnehmenden) dem Geschäftsfeld der Firma naheliegen (im Bildungsbereich wären dies Wissenschafts- und Bildungsverlage oder Software-Produzenten). Die Unterstützung der Firmen muss nicht in Geld erfolgen, sie kann auch in Form von Personal- und Sachmitteln bestehen.

BEISPIEL

Sponsoring

Hierfür können Sie Sponsoren werben:

- Druck der Tagungs- und Werbematerialien
- Druck und Vertrieb der Tagungsergebnisse
- Kosten für und Pflege der Website
- Catering
- Bereitstellung von Tagungstechnik
- Hilfen im Tagungsbüro durch Auszubildende etc.

Wenn Sie Firmen um Unterstützung bitten wollen, liegt es nahe, diejenigen Firmen anzusprechen, zu denen ohnehin eine gute Beziehung besteht. Sie sind auch diejenigen, für die – wegen der Nähe des Arbeitsfeldes – ein Interesse an der Tagung buchstäblich naheliegt. Andere Unternehmen sind anzusprechen, wenn ein Interesse (Produktmarketing oder Imagewerbung) vermutet werden kann. Es ist darauf zu achten, dass mit der Gegenleistung (z.B. Raum für Werbung) nicht der tagungsdidaktische Aufbau der Veranstaltung konterkariert wird. Auch sollte man nicht zwei miteinander konkurrierende Firmen gleichzeitig anfragen.

Sponsoren (Organisationen, Privatpersonen) sind eher am Inhalt der Tagung interessiert und lassen sich über deren inhaltliche Ziele gewinnen. Bildung, Ökologie, Gender, Zukunft, Stadtentwicklung, Migration und Armut etwa sind Themen, für die sich gesellschaftlich engagierte Sponsoren gewinnen lassen.

Wichtig ist die Gegenleistung durch die Tagungsveranstalter. In der Regel wird die Erwähnung mit Namen und Logo bei Einladung und Tagungsdokumentation erwartet. Auch bei der Eröffnung der Tagung und ihrem Abschluss sollte namentlich auf die Sponsoren hingewiesen werden. Weitere Gegenleistungen – wie die Übernahme von Grußworten – sind möglich, sollten aber nicht den Charakter der Veranstaltung verfremden.

Pflegen Sie die Beziehung zu Ihren Sponsoren, denn meist bleibt es ja nicht bei einer Tagung. Lassen Sie die Sponsoren teilhaben am Feedback zur Tagung (z.B. Evaluationsergebnisse und Pressespiegel). Dankschreiben sind selbstverständlich, Einladungen zu anderen Anlässen ebenfalls. Versuchen Sie, potenzielle Unterstützer systematisch in strategische Partnerschaften einzubeziehen.

Kostenübernahme

Ein Teil der Kosten kann auch von Kooperationspartnern übernommen werden. So kann das Tagungshaus aus organisatorischen (Belegung) oder inhaltlichen Gründen (Werbung, Image) auf Miete verzichten oder diese zum Selbstkostenpreis berechnen. Auch andere Kostenübernahmen sind – bei kooperativer Veranstaltungsplanung – denkbar, etwa die Kosten der Teilnehmerwerbung durch den Mitveranstalter oder die Kosten der Internetpräsenz durch gemeinschaftliche Gestaltung.

Kosten für das Vorhalten von Informationen über den Tagungsort, die Umgebung oder (bei internationalen Veranstaltungen das Gastgeberland) können durch die entsprechenden regionalen Tourismus-Agenturen übernommen werden. Auch Führungen und besondere Begleitveranstaltungen sind auf diesem Wege kostenlos oder kostengünstig möglich. Erkunden Sie rechtzeitig entsprechende Kooperationsmöglichkeiten.

Spenden

Spenden werden hier gesondert aufgeführt, da sie sich vom Sponsoring unterscheiden. Spenden sind einmalige und möglicherweise gar nicht direkt mit der Tagung verbundene Zuwendungen, keine substanzielle Förderung einer Aktion. Spenden können Geld- oder Sachspenden sein, auch kleinere Spenden tragen zum Gelingen der Tagung bei. Allerdings sollte eine Tagung nicht auf Spendenbasis kalkuliert werden – das ist zu unsicher.

Kostenreduktion

Kosten lassen sich hauptsächlich durch sparsame Verwendung der Mittel reduzieren. Bei größeren Posten (Werbung, Catering etc.) sind daher auf der Basis präziser Anforderungen frühzeitig Angebote einzuholen. Den Zuschlag erhält jedoch nicht das billigste Angebot, sondern das günstigste, d.h. jenes mit dem besten Verhältnis von Preis und Leistung. Dabei spielt der Qualitätsaspekt eine große Rolle, aber auch Fragen der Verlässlichkeit und einer Perspektive für zukünftige Zusammenarbeit sind wichtig.

Ein zentraler Kostenfaktor bei Tagungen sind die Honorare für die Referentinnen und Referenten und die Moderierenden. Fragen der Angemessenheit, der Gleichbehandlung und der Finanzierbarkeit spielen hier eine wichtige Rolle. Grundsätzlich gilt, dass die Qualität und die Passung der Referenten im tagungsdidaktischen Rahmen Vorrang haben – Expertise in fachlicher und methodischer Hinsicht ist nicht umsonst zu haben. Allerdings müssen die Honorare auch für den jeweiligen Kontext realistisch sein. Für einen Vortrag von einer Dreiviertelstunde plus An- und Abreise ist ein Zeitaufwand von zwei Tagen anzusetzen; bei einem Honorar von 500 Euro zzgl. Spesen verbleiben dem Referenten nach Steuer ca. 250 Euro. Dies ist die untere Grenze der Vergütung für einen qualitativ guten Vortrag im pädagogisch-sozialwissenschaftlichen Bereich (in anderen Bereichen liegen die Sätze meist deutlich höher). Kommt eine Bearbeitung für eine mögliche Veröffentlichung hinzu, ist das Honorar höher anzusetzen.

Auch diejenigen Personen, die methodisch steuernde Funktionen im didaktischen Prozess der Tagung übernehmen (Moderierende, Rapporteure etc.) erbringen eine Leistung, die honoriert werden muss. Sie ist nicht geringer einzuschätzen als ein Vortrag. Allerdings lassen sich die Cash-Kosten hierfür reduzieren, indem Mitglieder des Konzeptionsteams und andere Mitarbeitende des Veranstalters mit diesen Aufgaben betraut werden – die entsprechenden Kosten sind dann zwar nicht geringer, fallen jedoch nicht in das Cash-Budget.

CHECKLISTE 6

Einsparen und Einnehmen

Folgende Dinge können Sie tun, um die Kosten zu reduzieren und die Einnahmen zu erhöhen.

- ☐ Informieren Sie sich über örtliche, regionale, bundesweite oder europäische Subventionen.
- ☐ Suchen Sie Sponsoren und Spender.
- ☐ Bieten Sie Werbeflächen in Broschüren, Programmen, Mailings an.
- ☐ Verkaufen Sie Ausstellungsflächen oder Mitschnitte von Veranstaltungen (DVD/Video).
- ☐ Stellen Sie eine kleine Ausstellung zusammen.
- ☐ Handeln Sie eine Provision bei Verkauf aus (Bücher, Andenken etc.).
- ☐ Handeln sie einen Rabatt aus (Catering, Tagungshaus, Unterkunft).
- ☐ Reduzieren Sie die Tagungsmaterialien (aber nicht zu sehr).
- ☐ Schreiben Sie Dienstleistungen für die Tagung aus.

Es gibt zudem die Möglichkeit, über Referententätigkeit weniger unter finanziellen als unter inhaltlichen und persönlichen Aspekten nachzudenken – und zu verhandeln.

Wenn es im Interesse des Referenten oder der Referentin liegt, in einem bestimmten Kontext aufzutreten und sich zu positionieren, kann dies eine immaterielle Vergütung sein, die jenseits einer finanziellen Honorierung liegt. Auch gibt es Referentinnen und Referenten, die nicht auf Finanzierung angewiesen sind, weil sie aus anderen Quellen finanziert werden, oder Vergütungen gar nicht annehmen dürfen, weil dies ihrem Beschäftigungsverhältnis widerspricht (bei Beamten etwa). Auch die Möglichkeit, den Tagungsbeitrag in einer guten Tagungsveröffentlichung zu platzieren, kann ein geldwerter Vorteil für Referentinnen und Referenten sein.

Teilnehmerentgelte

Entgelte haben einen wesentlichen Einfluss nicht nur auf die Finanzierung, sondern auch die Wahrnehmung der Tagung und die Auswahl der Teilnehmenden. Heutzutage sind Teilnahmeentgelte bei Tagungen selbstverständlich. Tagungen, an denen man ohne Entgelt teilnehmen kann, werden als weniger wertig wahrgenommen – es sei denn, es gibt finanzkräftige Sponsoren, ein ausgewiesenes politisches Interesse oder es handelt sich um Workshops, Sitzungen und Ähnliches, bei denen anzunehmen ist, dass der Beitrag in der einzubringenden Arbeit besteht.

Wie hoch das Entgelt sein soll, ist fast eine „philosophische" Frage, denn sie ist nicht oder zumindest nicht allein mit ökonomischer Rationalität zu beantworten. Tagungsentgelte sind in drei Richtungen zu bedenken:

o   Sie dienen der *Finanzierung* der Veranstaltung; realistisch betrachtet kann dies im pädagogisch-sozialen Bereich nie eine Vollfinanzierung sein, sie tragen dort nur zur Finanzierung bei.

o   Sie tragen zur *Positionierung* der Veranstaltung bei; die Höhe der Entgelte definiert vielfach das Image der Tagung – heutzutage werden Qualitätserwartungen oft an die geforderten Entgelte geknüpft.

o   Sie beeinflussen die *Zusammensetzung der Teilnehmenden;* vielfach sind zu hohe Entgelte Barrieren, zu niedrige Entgelte können Skepsis erzeugen.

Neben der Frage, wie hoch die Entgelte sein sollen, ist eine andere Frage wichtig: *Wie* sind diese Entgelte gestaltet? Dies ist weniger eine Frage, die für die Finanzierung der Tagung wichtig ist, als vielmehr für die Teilnehmenden, welche die Entgelte entrichten und dafür bestimmte Leistungen erwarten. Das Geld verteilt sich auf folgende Kosten:

o   die Tagung selbst, d.h. gewissermaßen der „Eintritt" (einschließlich Namensschild und Tagungsmappe)

o   die Unterlagen (Materialien, Bücher etc.)

o   die Verpflegung (mittags und abends)

o   das Kulturprogramm (Führungen, Abendveranstaltungen etc.)

o   die Tagungsdokumentation

Es empfiehlt sich, das Teilnahmeentgelt als Gesamtbetrag anzusetzen, d.h. möglichst wenig separate Leistungen vorzusehen. Von den oben genannten Positionen wäre allenfalls der Betrag für das Kulturprogramm zu separieren, weil vielleicht nicht alle Teilnehmenden Interesse daran haben. Der Vorteil eines fixen Gesamtbetrags kann aber auch darin liegen, dass durch das „Ich habe ja schon alles bezahlt"-Modell die Teilnahme an den kulturellen und sozialen Aktivitäten gefördert wird.

Unterkunft

Wenn Unterkunft angeboten wird, so z.B. in Internatshäusern (von Heimvolkshochschulen u.a.), so sollte dies im Teilnahmeentgelt enthalten sein, vor allem dann, wenn das Tagungshaus im ländlichen Raum liegt und es keine Alternative gibt. Dies gilt auch dann, wenn die gemeinsame Unterkunft und gemeinsamen Abende zum Konzept der Tagung gehören. In allen anderen Fällen sollten die Unterkunftskosten nicht im Teilnahmeentgelt enthalten sein. Es sollte jedoch das Angebot einer günstigen Unterkunft (etwa über ein vorab ausgehandeltes rabattiertes Hotelkontingent) vorgehalten werden.

An- und Abreise

Die Kosten für die An- und Abreise sind, weil sie auf die Teilnehmenden fallen, bei der Wahl des Tagungsortes auch von großer Bedeutung. An- und Abreise sowie die Kostenübernahme sind in der Regel durch die Teilnehmenden selbst zu klären. Wenn der Zugang zum Tagungsort schwer erreichbar ist, sollte ein Zubringer kostenlos und flexibel vorgehalten werden.

Entrichtung der Tagungsentgelte

Wie die Entgelte entrichtet werden, ist eine scheinbar nebensächliche Frage, die aber aus praktischen Gründen eine wichtige Rolle spielt. Am besten ist es, die Anmeldung zur Tagung mit den Entgelten zu verbinden. Das ist mittlerweile über Onlinebanking einfach zu regeln, muss aber vom Veranstalter sorgfältig geprüft werden. Eine Vor-Ort-Anmeldung mit Kasse ist dann nur im Ausnahmefall möglich. Es ist – auch aus didaktischen Gründen – nicht zu empfehlen, wenn die Teilnehmenden vor Ort als erste Handlung ihr Entgelt zahlen müssen.

Sehen Sie aber auch davon ab, die Bezahlung erst *nach* der Tagung erfolgen zu lassen – das bringt unnötigen Aufwand mit sich.

Die Finanzierung der Veranstaltung ist – zumindest im Bildungsbereich – kaum vollständig über Teilnahmeentgelte möglich, geschweige denn, dass damit – wie in anderen gesellschaftlichen Bereichen – Gewinn zu machen wäre. Entgelte sind daher Teil eines Finanzierungsmix, oft nicht einmal der größte Teil. Und sie haben den planerischen Nachteil, dass erst bei Schluss der Anmeldung festgestellt werden kann, welchen Beitrag die Entgelte zum Tagungsbudget beitragen.

Die Positionierung der Veranstaltung erfolgt insofern durch Teilnahmeentgelte, als sie das zu erwartende Niveau an inhaltlicher und an Servicequalität definieren. Die Erwartungen sind bei „teuren" Veranstaltungen naturgemäß höher als bei „günstigen", d.h. Referentinnen und Referenten, Unterlagen, Ablauf und Verpflegung werden kritischer betrachtet.

Die Zusammensetzung der Teilnehmenden wird durch die Höhe der Entgelte stark beeinflusst, oft auch deren Zahl. Höhere Entgelte schließen verschiedene Zielgruppen aus: jüngere Adressaten (vor allem solche in Ausbildung), Personen ohne Unterstützung (etwa durch Betriebe) und solche, die in der Veranstaltung nur einen begrenzten Nutzen für sich sehen. Es gibt für bestimmte Zielgruppen eine Art Obergrenze: Sie liegt derzeit bei etwa 150 Euro für eine zwei- bis dreitägige Veranstaltung.

Die Selektionsmechanismen höherer Entgelte können allerdings gemildert werden durch Sondertatbestände bei den Teilnehmenden; dies meint hier, dass bestimmte Personengruppen (etwa Studierende) auf Nachweis einen deutlichen Nachlass auf die Entgelte erhalten.

Bezogen auf die Zahl der Teilnehmenden sind dabei flexible Kalkulationen vorzunehmen, die sich nach *fixen* und *variablen* Kosten unterscheiden:

o *fixe Kosten*
   hängen nicht von der Anzahl der Teilnehmenden ab (wie Kosten für Vortragende)
o *variable Kosten*
   entstehen pro Teilnehmenden (wie Cateringkosten)

Für die variablen Kosten empfiehlt es sich, solange die Zahl der Anwesenden noch nicht feststeht, einen „Korridor" (auch gegenüber dem Catering-Unternehmen) einzuplanen, der am Ende der Anmeldungen geschlossen wird.

Insgesamt handelt es sich bei der Finanzierung um einen Aspekt von Tagungen, der im Bildungsbereich nicht selten unterschätzt wird. Hier ist Vorausschau und Vorsicht geboten. Es ist ratsam, in der gesamten Vorbereitungszeit einer Tagung (etwa ein Jahr) das verfügbare Budget fortlaufend zu kontrollieren und fortzuschreiben. Im Guten wie im Schlechten können sich jederzeit Änderungen bei den Kosten wie bei den Finanzierungsquellen ergeben.

WICHTIG

Stipendien

Um wissenschaftlichen Nachwuchs oder Freiberufler, die in der Regel nicht über üppige finanzielle Ressourcen verfügen, nicht von der Tagung auszuschließen, können Reise-Stipendien oder der Erlass der Tagungsgebühr beispielsweise in einem Wettbewerb ausgelobt werden. So gewinnen Sie „Nachwuchs-Hochkaräter" für Ihre Tagung. Für solche Aktionen finden sich oft leicht Sponsoren.

2. Die Tagung als Lernort

Tagungen sind multifunktionale Ereignisse. Sie dienen dem Kennenlernen der Menschen, dem sozialen Miteinander, der eigenen Präsentation, als Arbeitsplatzbörse und als Ort für Brainstorming und Ideensammlung. Manchmal sind sie für die Teilnehmenden auch nur Anlass und Legitimation für Reisen und Besichtigungen, verbrämt mit beruflichen Konnotationen.

Immer aber sind sie auch ein Lernort. Sie sind ein eher informeller Lernort, ohne Curriculum und Prüfungen, ohne Anwesenheitszwang oder Lernkontrolle, auch wenn es gelegentlich Teilnahmebescheinigungen gibt. Auf Tagungen wird Wissen vermittelt – neues Fachwissen, Wissen über Zusammenhänge und Menschen. Auf Tagungen werden aber auch Kompetenzen entwickelt und eingeübt, etwa Vorträge halten, sich geordnet und zielgerichtet in Debatten einbringen, mit Kolleginnen und Kollegen ernsthaft und zugleich gelassen kommunizieren und Kontakte aufbauen und pflegen. Auf Tagungen entstehen Kooperationen und Netzwerke, Projekt- und Publikationsideen, Konstellationen sozialer und fachlicher Art. Auf Tagungen entwickeln sich persönliche Kompetenzen – das Auftreten vor großen und kritischen Gruppen etwa oder die Aufnahme von sozialen Beziehungen. Nicht zu unterschätzen ist auch die Reflexion über den eigenen Standort, die vielfach auf Tagungen angeregt und mit Beobachtungen angereichert wird.

Der Lernort Tagung ist nicht auf kognitives Lernen beschränkt, nicht selten steht das nicht einmal im Mittelpunkt. Emotionale und soziale Elemente spielen eine große Rolle. Genau genommen sind viele der persönlichen Kompetenzen, die man etwa als Wissenschaftler oder Wissenschaftlerin oder auch als Praxisvertreter erwerben muss, in mancher Hinsicht auf Tagungen angeeignet worden. Hier stellt man auch die eigenen Produkte zur Disposition, nicht ohne Angst und Sorge, und freut sich über gute Rückmeldungen – weit direkter als bei einer guten Rezension eigener Publikationen.

Da der Lernort Tagung einen hohen Anteil an sozialen und emotionalen Komponenten hat, ist gerade auch das von Interesse, was im offiziellen Programm nicht gefüllt ist – meist ausgewiesen als „Pause", „Kaffeepause", „Teepause", „Mittagessen" oder „Abendliches Beisammensein" usw. (→ Checkliste 7). Hier handelt es sich nicht um *Leer*räume, sondern um solche, die voller Aktivitäten stecken – vielleicht eher *Erfahrungs*räume.

Denken Sie daran, dass die Pausen nicht einfach eine „Auszeit" sind. Sie werden für wichtige Teile von Tagungen genutzt, für Gespräche, Kontakte, Verabredungen, auch für die Reflexion des offiziellen Teils der Tagung. Aber die inoffiziellen Kontakte und Gespräche haben einen größeren Stellenwert als nur die Nutzung der Pausen. Es gibt erfahrene Tagungsteilnehmende, die an den Angeboten des offiziellen Programms gar nicht oder nur ein wenig teilnehmen und sich hauptsächlich auf die Zwischenräume konzentrieren, um einen bestmöglichen Nutzen aus der Tagung zu ziehen. Auch Zeiten des offiziellen Programms werden gerne genutzt, informelle Treffen zu anderen Arbeitsvorhaben zu organisieren, Gespräche zu führen oder auch „nur" den Tagungsort und seine Umgebung zu besichtigen. Viele der Kolleginnen und Kollegen trifft man selten, und die fehlende Anwesenheitspflicht ermöglicht solche individuellen Gestaltungen; in diesem Sinne passen Tagungen auch zu den Prinzipien der Weiterbildung, unter denen die Freiwilligkeit grundlegend ist.

Denken Sie gerade auch bei internationalen Tagungen daran, dass die Pausen auch eine inhaltliche Bedeutung in der Tagung haben können (und teilweise sollen). Zu diesem Zweck sind Pausen auch zu gestalten, ohne dass der freie und offene Charakter verloren geht. Aktivitäten in den Pausen können Menschen, die sich noch nicht kennen, zusammenbringen, insbesondere auch internationalen Gästen ein „Eintauchen" in den inhaltlichen und sozialen Kontext erleichtern. Allerdings: Das kann alles nur ein Angebot sein – Pausen bleiben im Prinzip in der Gestaltungsfreiheit der Teilnehmenden.

CHECKLISTE 7

Pausen einbauen

Anhand der folgenden Aspekte können Sie Pausen planen und gestalten.

- ☐ Planen Sie jede Stunde eine (wenn auch nur kleine) Pause ein.
- ☐ Machen sie lieber zwei zehnminütige Pausen als eine 20-minütige.
- ☐ Planen Sie Pausen (außer der Mittagspause) nicht zu lang, denn Teilnehmende verlieren dann schnell den Faden oder gehen anderen Tätigkeiten nach (maximal 20 Minuten).
- ☐ Planen Sie Pausen auch nicht zu kurz (mindestens fünf Minuten), denn Teilnehmende sollten die Gelegenheit bekommen, sich kurz frisch machen zu können.
- ☐ Eine Ausnahme bildet eine „Eine-Minuten-Stretch-Pause", in der alle aufstehen und Arme und Beine dehnen, um sich wieder fit zu machen.
- ☐ Ermutigen Sie die Teilnehmenden, selbst eine Pause einzufordern, wenn sie diese benötigen.
- ☐ Öffnen Sie die Fenster und lüften Sie.
- ☐ Ermöglichen Sie, dass Teilnehmende die Pausenzeiten einhalten und rechtzeitig zurückkehren können (wenn der Weg zur Toilette z.B. fünf Minuten dauert oder wegen gemeinsamer Pausen mit einem „Stau" zu rechnen ist, muss die Pause mindestens 15 Minuten betragen).
- ☐ Nennen Sie die Pausendauer und die Rückkehrzeit, am besten auf einer sichtbaren Uhr im Raum, in dem Sie gemeinsam tagen.
- ☐ Kündigen Sie an, womit es weitergeht.
  (Parker & Hoffmann, 2006)

Nicht immer sieht der Veranstalter solche individuellen Ausgestaltungen des Zeitraums der Tagung gerne – Teilnehmerschwund im offiziellen Programm reißt oft beträchtliche Lücken in die Reihen und höhlt insbesondere Arbeitsgruppen aus. Nimmt man die zunehmende Menge von Spätkommenden und die traditionell große Menge von früh Abreisenden hinzu, zeigt sich so manche Tagung eher als eine „Durchgangsstation" für Mobilität. Die übliche Situation in einer zwei- bis dreitägigen Veranstaltung ist ein fast volles Plenum zu Beginn und ein versprengtes Häuflein von Teilnehmenden am Ende. Versuche, dies durch „bindende" Maßnahmen einzuschränken (z.B. Voranmeldung zu Workshops und Arbeitsgruppen, Aufgaben für das Schlussplenum) bieten hier nur wenig Abhilfe, vor allem dann, wenn es sich um eine zwei- oder mehrtägige Veranstaltung handelt. Setzen Sie lieber Highlights gezielt ein, um die Spannung zu halten (→ Kap. 2.1).

2.1 Mit Interesse dabei? Dramaturgie der Tagung

Das wesentlichste Element der Tagung als Lernort ist ein Konzept. Dieses Konzept enthält die Formulierung der Ziele, der Inhalte, der Beteiligten und der Rahmenbedingungen. Soweit das Minimum. Letztlich aber folgt jede Tagung einer spezifischen Dramaturgie, der zufolge alle Beteiligten gemeinsam von einem Anfangs- zu einem Endpunkt gehen. Das muss, wie das Wort nahelegen könnte, kein „Drama" sein. Umgangssprachlich ist ein Drama ein Geschehen mit sehr ernstem und letztlich eher traurigem Gehalt,[1] aber es ist eine Handlung, die mehr oder weniger geordnet abläuft und daher zu planen ist. Ob es den Veranstaltern gelingt, Menschen zur Teilnahme an einer Tagung zu gewinnen und sie an den Ablauf zu binden, hängt von einer solchen Dramaturgie ab.

Das wichtigste Element eines Dramas ist der Spannungsbogen. Zu Beginn müssen Neugier und Erwartung der Teilnehmenden vorhanden sein oder geweckt werden, am Ende sollten beide befriedigt sein. Natürlich gibt es auch Tagungen, die nicht von Neugier und Erwartungen ausgehen, sondern von einer fachlichen Strukturierung des Gegenstands. Auf solchen Tagungen werden die wichtigsten Aspekte des Stoffs in Zeit und Raum angeordnet und abgearbeitet, die Tagung ist dann wie ein Sachbuch gegliedert und präsentiert, im günstigen Fall, die neuesten und wichtigsten Erkenntnisse und Ergebnisse in den einzelnen „Kapiteln", den einzelnen Tagungssegmenten. In solchen Tagungen ist es legitim und zu erwarten, dass die Teilnehmenden ihre Anwesenheiten und Aktivitäten eher nach persönlichen Interessen und Befindlichkeiten entscheiden als nach dem Programm der Tagung – so, wie man in einem Buch auch ohne Weiteres einzelne Kapitel beim Lesen auslassen kann.

Eine Tagung darf keine bloße Ansammlung von Themen sein, keine additive Struktur haben. Dann verfehlt sie ihre Aufgabe, Menschen in sozialer Interaktion auf ein Ziel, ein „Lernziel", hinzuführen. Ein nur sachbezogener Wissenserwerb lässt sich weniger zeitraubend und aufwendig mit der Lektüre von Texten oder der Recherche im Internet bewältigen. Hat die Tagung einen inhaltlichen Spannungsbogen, dann bindet sie auch das Interesse der Teilnehmenden weit stärker und macht die Teilnahme sinnvoller.

Wie gestaltet man einen didaktischen Spannungsbogen? Man kann aus der Dramenlehre lernen, ohne diese zu übernehmen: Ein Spannungsbogen bewegt sich vom zu entwickelnden Problem über Facetten seiner Lösung hin zu einer (Auf-)Lösung, die zumindest für den Fall überzeugt und Bestand hat. Grafisch kann das folgendermaßen dargestellt werden (→ Abb. 4).

Der Spannungsbogen bedeutet, dass das anfänglich auf den Tisch kommende Problem (Inhalt/Thema, Ausgangslage, Fragen) nur dann befriedigend bearbeitet ist, wenn es am Ende aufgelöst wird. So lange hält sich die Spannung. Sie auch in einer Tagung aufrechtzuerhalten bedeutet, zu einem vorabdefinierten Abschluss zu gelangen, der als Lösung und „Outcome" verstanden werden kann. Dann gelingt auch ein gemeinsames Lernen.

---

1   Umgangssprachlich werden „Drama" und „Tragödie" zu Unrecht gleichgesetzt. Ein Drama ist eine ernsthafte soziale Handlung, muss aber kein trauriges Ende haben.

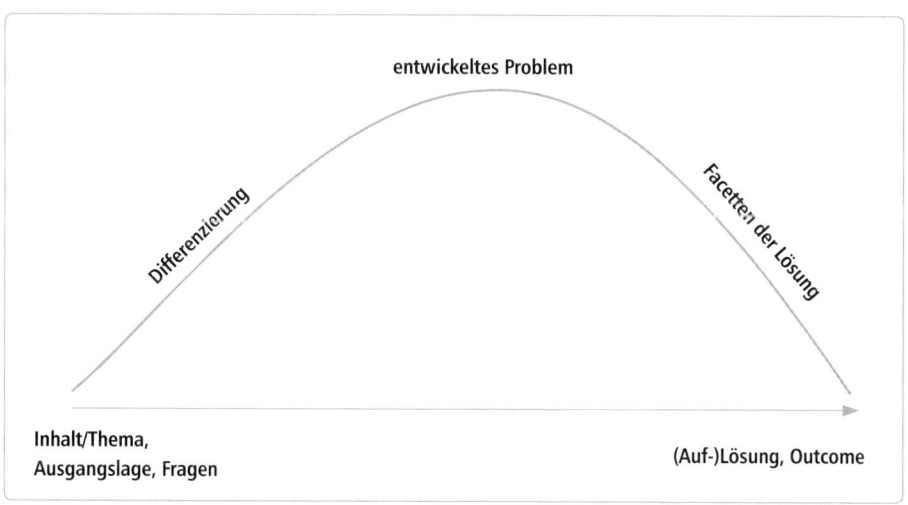

Abbildung 4: Didaktischer Spannungsbogen

Viele der Aspekte des Spannungsbogens hängen damit zusammen, wie Erwachsene sozial agieren, wie sie Probleme definieren und lösen, wie sie kommunizieren und vor allem, wie sie lernen. Mehr noch als Kinder lernen Erwachsene geleitet von ihren Interessen und Erfahrungen. Außerdem wird Wissen nicht von einem Gehirn (Vortragender) in ein anderes transportiert (Zuhörender), sondern in jedem Gehirn erst erzeugt. Um auszuwählen, was Neues gelernt wird, verfügt das Gehirn selbsttätig über drei Detektoren:

1. einen *Neuigkeitsdetektor* (Handelt es sich um neues Wissen?)
2. einen *Anschlussdetektor* (Kann das Wissen an bereits gemachte Erfahrungen angeschlossen werden?)
3. einen *Relevanzdetektor* (Ist das neue Wissen bedeutungsvoll?) (Nuissl & Siebert, 2013, S. 62).

o

Alle drei Detektoren müssen im Verlaufe des Spannungsbogens angesprochen werden – in einer sinnvollen Kombination.

Brinker und Schumacher (2014) formulieren 13 Prinzipien gehirngerechten Lernens, die man auf 13 Prinzipien gehirngerechten Tagens beziehen kann (→ Abb. 5).

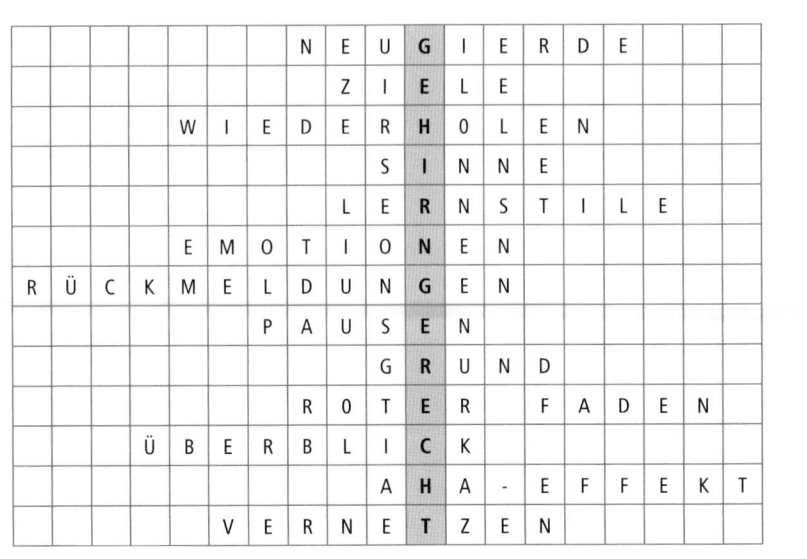

							N	E	U	**G**	I	E	R	D	E		
								Z	I	**E**	L	E					
			W	I	E	D	E	R	**H**	O	L	E	N			
							S	**I**	N	N	E				
						L	E	**R**	N	S	T	I	L	E	
			E	M	O	T	I	O	**N**	E	N			
R	Ü	C	K	M	E	L	D	U	N	**G**	E	N		
					P	A	U	S	**E**	N			
						G	**R**	U	N	D			
					R	O	T	**E**	R		F	A	D	E	N
		Ü	B	E	R	B	L	I	**C**	K			
							A	**H**	A	-	E	F	F	E	K	T
				V	E	R	N	E	**T**	Z	E	N		

Abbildung 5: 13 Prinzipien gehirngerechten Tagens (in Anlehnung an Brinker & Schumacher, 2014, S. 76, nach Schachl 2005)

Die Prinzipien im Einzelnen:

o   *Neugierde wecken* – „Neues lernen wollen" und Behalten wahrscheinlicher machen

o   *Ziele und Vorgehen transparent machen* – dem Gehirn eine Chance geben, das Geschehen zu verstehen und einordnen zu können

o   *Wichtiges Wiederholen* – neue Vernetzungen im Gehirn stabilisieren

o   *mit allen Sinnen tagen* – mehrere „Anker" im Gehirn setzen

o   *Lernstile berücksichtigen* – individuelles Lernen unterstützen

o   *Emotionen wecken* – Speicherung und Abruf von Informationen unterstützen

o   *Rückmeldungen geben* – durch Austausch über Neues korrektes Speichern befördern

o   *Pausen einplanen* – Zeit zur Verankerung von neuem Wissen geben

o   *den Dingen auf den Grund gehen* – intensives Lernen ermöglichen

o   *einen roten Faden legen* – Basis für sinnvolle Vernetzung im Gehirn schaffen

o   *Überblick geben* – Anschlusslernen ermöglichen

o   *Aha-Effekt anstreben* – Tiefenverständnis anvisieren

o   *Inhalte vernetzen* – Lernen in Zusammenhängen unterstützen (Brinker & Schumacher, 2014, S. 76).

Wichtig ist: der Spannungsbogen wird entlang des Inhalts aufgebaut, muss aber immer die „Sensoren" oder Detektoren der Teilnehmenden berücksichtigen.

2.2 Was passt zu Ziel und Inhalt? Formate einer Tagung

In Kapitel 1 sind die unterschiedlichen Begriffe für Tagungen aufgeführt; damit verbunden sind die wesentlichen Elemente, mit denen sie gewöhnlich verknüpft werden. Jedes dieser Formate hat einen spezifischen Sinn bezogen auf Ziel und Inhalt. Die Entscheidung für ein bestimmtes Format hängt von Ziel und Inhalt ab.

> **BEISPIEL**
>
> **Formate und Formen**
>
> o Es geht darum, ein breit diskutiertes Problem in seinen Facetten zu erörtern, Meinungen zusammenzutragen und Bewusstsein zu entwickeln; hier ist ein größeres und offeneres Format sinnvoll, etwa ein *Forum* mit vielen Teilnehmenden und einer guten Öffentlichkeitsarbeit.
>
> o Es geht darum, eine „Community" zusammenzuhalten, sich des Standes ihrer Arbeit zu vergewissern und Nachwuchs zu integrieren; hier ist ein kleineres Format sinnvoll mit geschlossenem Teilnehmerkreis, etwa wie bei wissenschaftlichen *Jahrestagungen*.
>
> o Es geht darum, einen Standpunkt und ein Konzept zu einer bestimmten Aufgabe zu entwickeln (etwa die Einführung des Qualifikationsrahmens); hier ist es sinnvoll, ein plural besetztes Gremium in mehreren aufeinanderfolgenden *Sitzungen* arbeiten zu lassen.
>
> o Es geht darum, den Stand der Arbeiten zu einer bestimmten Frage festzustellen und daran anschließend Perspektiven zur Weiterarbeit zu entwickeln; hier ist es sinnvoll, eine zwei- bis dreitägige *Expertentagung* zu realisieren.
>
> o Es geht darum, Praxisvertreter und Wissenschaftler eines Feldes und den neuesten Stand beider Seiten zu einem aktuellen Thema zusammenzubringen; hier ist ein Format sinnvoll, bei dem Vorträge, *Workshops* und Praxisvorstellungen zusammenkommen.

Zu bedenken ist immer, ob die anstehende Aufgabe in nur einem Format zu bewältigen ist. Oft bieten sich Kombinationen oder Programme an, in denen mit unterschiedlichen Formaten über einen längeren Zeitraum das entsprechende Ziel verfolgt wird.

> **BEISPIEL**
>
> Bei innerbetrieblichen Organisationsentwicklungen kann ein abwechslungsreiches Programm realisiert werden, in dem Arbeitsgruppen, Tagungen, Fortbildungen, Schulungen, Qualitätszirkel, Arbeitsblätter und Konferenzen kombiniert sind.

Auch ist die Frage der Kombination nicht auf soziale Formate zu beschränken. Es kann sinnvoll sein, vorbereitende Texte zu verfassen (bis hin zu Büchern) oder die Möglichkeiten des Internets für Diskurse im Vor- und im Nachhinein zu nutzen, etwa für den Austausch oder das kollaborative Entwickeln von Dokumenten. Wichtig ist es abzuwägen, ob das gewählte Format zum Erreichen der gesteckten Ziele geeignet ist. Das gilt auch für eingeführte und regelmäßig stattfindende Formate.

Auch innerhalb des gewählten Formats bestehen zahlreiche Möglichkeiten zur Kombination und Varianz. So können in große Formate (wie Kongresse) kleine Formate wie Round-Tables, Interviews, Arbeitsgruppen oder Postersessions integriert werden. Gerade Letztere sind ein probates Mittel der Präsentation, sie können auch Vorträge von der reinen Informationsvermittlung entlasten und anregender machen.

TIPP

Postersession

Gibt es zu Ihrer Tagung einen *call for posters* (→ Kap. 1.4), sollten Sie überlegen, wie Sie die Poster in die Tagung einbinden und welche Funktion diese haben. Poster können z.B. Praxisprojekten auf einer Vernetzungstagung die Gelegenheit geben, sich zu präsentieren. Wenn Sie Poster einbinden, geben Sie diesen auch ein Forum. Statt Poster nur hinzuhängen, ist z.B. eine Posterpräsentationsrunde möglich (etwa vor dem Mittagessen).

Damit diese nicht länglich wird, kann man eine „60-Sekunden-Bühne" veranstalten. Jede Person, die ein Poster mitgebracht hat, bekommt 60 Sekunden, um dieses zu präsentieren, dann wandert die Zuschauergruppe weiter zur nächsten „Bühne". 60 Sekunden sind länger, als sie klingen und reichen aus, eine Idee oder ein Projekt zu skizzieren. Bei vielen Postern empfehlen wir, zwei Runden zu machen. Kündigen Sie den Postererstellern vorher an, dass Sie eine Posterrunde machen wollen (Will, Wünsch, & Polewsky, 2009, S. 339).

Um die Qualität der eingereichten Poster zu verbessern, könnten Sie auch Posterpreise vergeben, etwa für das aussagekräftigste Poster, das innovativste Poster oder das schönste Poster. Geben Sie hierzu den Teilnehmenden der Tagung Klebepunkte zu den Tagungsunterlagen und fordern Sie sie im Plenum auf, die Poster nach der „Posterrunde" zu bewerten.

Wenn Sie Tagungsunterlagen mit Kurzbeschreibungen zu Vorträgen, Workshops und beteiligten Personen vorbereiten, können Sie hier auch den Postern einen Platz geben. Fordern Sie hierzu Abstracts zu den angenommenen Postern an. Sie können auch an den Postern „Miniposter" zum Mitnehmen befestigen oder darunter auslegen.

2.3   Wie halten wir's zusammen? Die Rahmungen

Eine Veranstaltung sollte aus einem Guss sein. Auch wenn gewiss inhaltliche Konsistenz, reibungslose Abläufe, gute Versorgung etc. für eine Tagung wichtig sind: Es geht eben nicht um diese jeweils für sich. Es geht um das Ganze bzw. darum, wie die einzelnen Elemente, ob inhaltlich, formal, organisatorisch, technisch, prozedural zum Ganzen und dessen Gelingen beitragen. So sollte bei jedem Vortrag und bei jeder Arbeitsphase erkennbar sein, wie sie sich in die Gesamtveranstaltung fügt. Das Gleiche gilt für optische Elemente, wie das Design von Einladungen, Materialien etc.

Auch die Versorgung mit Speisen bzw. Snacks und Getränken sollte gut in das Tagungs-konzept integriert werden. So hat man sich im Tagungsgeschehen der vergangenen Jahre zwar mehr und mehr an die Diversität der Vorlieben und Ernährungsorientierungen der Teilnehmenden angenähert, in vielen Fällen aber bleibt die Versorgung ernährungsphy-siologisch buchstäblich ermüdend und nicht gerade aufmerksamkeitsfördernd. So emp-fehlen sich z.B. Obstkörbe oder Gemüsesticks, Tees und frische Säfte oder Müsliglaser mit Joghurt, statt immer nur Kaffee, Kekse und Kuchen.

Komposition und Dramaturgie

Die Dramaturgie der Veranstaltung gibt den Rhythmus vor, in dem miteinander getagt, gearbeitet, gelernt wird. Hierbei ist ein wesentlicher Punkt der angemessene Wechsel der Sozialformen ($\rightarrow$ Kap. 2.4). Machen Sie sich Gedanken darüber, was im Rahmen der Veranstaltung welchen Platz bekommt: Platz für Ankommen und Sammeln, Platz für das Generieren und Vertiefen neuen Wissens, Platz für den Austausch mit Veranstal-tern, Vortragenden und anderen Teilnehmenden etc. Wo ist was wichtig? Wer muss wo wie mitmachen und zusammenkommen?

Um die Anwesenden intensiver in die inhaltliche Gestaltung der Tagung einzube-ziehen, gibt es eine Reihe von Möglichkeiten. Eine Option ist die Installation eines sogenannten *Themenspeichers* für die Veranstaltung. Dies kann eine Moderationswand sein, auf der Teilnehmende die Möglichkeit haben, ihnen wichtige Themen zu nennen. Dies kann auch durch die Nutzung neuer Medien ergänzt werden ($\rightarrow$ in diesem Kapitel „Dokumentation"). Parallel dazu kann es eine Wand für die Desiderata, also für ei-nen zukünftigen Austausch geben. Teilnehmende pinnen hier ihre Visitenkarte an und schreiben dazu, an welchen Themen sie interessiert sind.

Eine gut gewählte *Keynote* kann die Dramaturgie einer Veranstaltung zuspitzen, auf den Punkt bringen, Inhalte und Gedanken zusammenführen ($\rightarrow$ Kap. 2.4, 2.5). Wichtig ist auch die Überlegung, was den Abschluss eines Veranstaltungstags oder der gesam-ten Tagung bilden kann. Verbinden Sie das Ende der Tagung mit dem Abschluss des inhaltlichen Spannungsbogens. Eine letzte Keynote, welche die Probleme des Beginns aufgreift, kann einen solchen Abschluss bilden. Auch eine abschließende Podiumsdis-kussion zu der Frage „Was haben wir gelernt?" kann einen Abschluss bilden. Sie setzt aber eine gut gewählte Besetzung und Steuerung voraus. Den sachlichsten Abschluss bildet eine Zusammenfassung der Tagungsergebnisse durch den Veranstalter. Da jeder Teilnehmende aber für sich ein solches Fazit schließt – oder längst geschlossen hat –, gehen daraus selten nachhaltige Impulse aus.

Wie wäre es stattdessen mit einem thematischen Improvisationstheater, das die Teilnehmenden einbezieht? Oder was halten Sie von einer Ausstellung der entstandenen Visualisierungen? Auch während der Tagung entstandene Fotos können schon gezeigt werden. Falls vorstellbar, verknüpfen Sie die Frage „Wie soll es nach dieser Tagung weitergehen – wie wollen wir verbleiben?" mit einer methodisch geeigneten Form und sichern Sie das Ergebnis über verbindliche Zusagen.

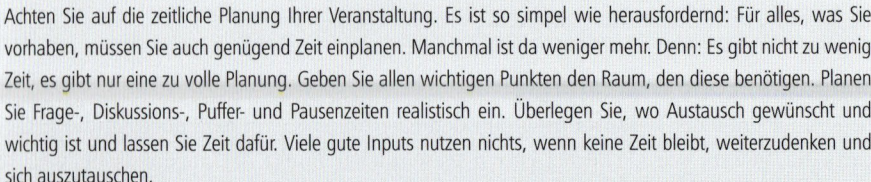

WICHTIG

Zeitplanung

Achten Sie auf die zeitliche Planung Ihrer Veranstaltung. Es ist so simpel wie herausfordernd: Für alles, was Sie vorhaben, müssen Sie auch genügend Zeit einplanen. Manchmal ist da weniger mehr. Denn: Es gibt nicht zu wenig Zeit, es gibt nur eine zu volle Planung. Geben Sie allen wichtigen Punkten den Raum, den diese benötigen. Planen Sie Frage-, Diskussions-, Puffer- und Pausenzeiten realistisch ein. Überlegen Sie, wo Austausch gewünscht und wichtig ist und lassen Sie Zeit dafür. Viele gute Inputs nutzen nichts, wenn keine Zeit bleibt, weiterzudenken und sich auszutauschen.

Bei der Einhaltung des Zeitplans kommt den Moderierenden eine entscheidende Rolle zu: Wenn auch nur ein Parallelworkshop zeitlich hängt, gerät die ganze Veranstaltung ins Stocken. Hierfür sind drei Dinge wichtig:

1. Die Moderierenden müssen den Zeitplan kennen und um die Wichtigkeit von dessen Einhaltung wissen.

2. Die Moderierenden sprechen die Zeitplanung schon im Vorfeld mit den Vortragenden ab und achten auch auf deren Zeiteinhaltung während der Vorträge (schon allein auch wegen der folgenden Aktivitäten – nichts ist unfreundlicher, als für den letzten Inputgeber keine Zeit mehr zu haben).

3. Die Moderierenden sind sich ihrer Rolle bewusst. Das bedeutet, sie moderieren, geben aber selbst nur da Input, wo es unbedingt notwendig ist.

Moderation

Die Moderierenden der Tagung haben eine wichtige Rolle: Sie sind an vielen Stellen das Gesicht der Tagung. Außerdem kommt ihnen als „Zeitwächter" eine entscheidende Aufgabe für das Gelingen der Veranstaltung zu. Es gibt zwei Moderationsaufgaben auf einer Veranstaltung:

1. Die Gesamtmoderation führt durch die Veranstaltung und rahmt diese, sie bindet die Tagung zusammen.

2. Die Teilmoderationen führen durch die einzelnen Workshops und Arbeitsgruppen, sie machen die Tagung vielfältig und bunt.

Bei der Frage, wer moderiert, muss zunächst entschieden werden: Sollen Moderierende intern oder extern sein? Wählt man Externe, kann man zwischen Fachleuten aus anderen Institutionen oder professionellen (fachfremden) Moderierenden wählen. Dies könnten auch prominente Personen sein, z.B. Radiomoderierende. Dies ist nicht zuletzt auch eine Frage des Budgets, aber auch eventueller Außenwirkung, die Sie sich in dem einen oder anderen Fall hiervon versprechen. Allerdings fällt bei externen Moderierenden höherer Aufwand des Sich-Verständigens über Ziele und Didaktik der Tagung an.

Binden Sie Moderierende, ob intern oder extern, früh in die Konkretisierung der Tagung ein und fordern Sie sie auf, in Kontakt mit Vortragenden zu treten, um inhaltliche und methodische Einzelheiten des Vortrags zu klären. Hierzu empfiehlt es sich, Moderierenden eine entsprechende Besprechungs- und Abfragecheckliste zukommen zu lassen (→ Checkliste 8).

CHECKLISTE 8

Moderierende

Briefen Sie die Moderierenden.

Welchen Charakter soll die Tagung haben?

_____

Wie viele und welche Teilnehmenden erwarten Sie?

_____

Welche Ergebnisse erwarten Sie von Arbeitsgruppen?

_____

Wie sollen diese visualisiert werden?

_____

Was sind wiederkehrende Methoden?

_____

Geben Sie Einzelheiten zum Timing bekannt.

Sollen Puffer eingeplant werden?

_____

Wo kann, falls nötig, abgekürzt werden?

_____

Besprechen Sie Details zu Medieneinsatz und Material.

Was ist Standard?

_____

Was wird außerdem benötigt?

_____

Wird mit einer Mikrofonanlage gearbeitet? Wenn ja, mit welcher? Ist die Funktion bekannt?

_____

Fordern Sie die Moderierenden auf, ihrerseits mit den jeweils Vortragenden Medien- und Materialwünsche sowie Methoden und Timing zu besprechen.

Eine Moderation erfolgt anhand bestimmter Prinzipien, mit bestimmten Aufgaben und in einer gewissen Haltung. Die Grundannahme ist: In Gruppen mit Fachleuten ist genug Kompetenz vorhanden, dass diese selbstständig Problemlösungen, neue Erkenntnisse etc. erarbeiten oder Lücken entdecken können. Damit dies frei von Hierarchien gelingt und jede anwesende Person zu Wort kommt, wird eine Moderation eingesetzt, deren Aufgabe es ist, die Gruppe zum Ergebnis zu führen. Dabei bleibt diese inhaltlich neutral, agiert aber als Expertin für den Prozess und die eingesetzten Methoden. Überlegen Sie also gut, wem Sie die Moderation übergeben. Personen mit eigener Position im Themenbereich haben manchmal Schwierigkeiten, in ihrer neutralen Rolle zu bleiben. Denken Sie daran, es geht um die Moderations*methode*, die dazu dient, *andere* in ihren Kompetenzen, Kenntnissen und Interessen bedeutsam werden zu lassen.

Hartmann, Rieger und Funk (2012) liefern ein passendes Bild für die „Ausstattung" des Moderierenden: Er steht auf dem stabilen Fundament seiner Moderationshaltung, die gekennzeichnet ist durch *inhaltliche Unparteilichkeit* und *personenbezogene Neutralität*, und hat einen *Werkzeugkoffer* (Moderationsverfahren und -methoden etc.) sowie einen *Prozesskoffer* (Ablaufgestaltung, Zielverfolgung etc.) dabei (→ Abb. 6).

Die Aufgaben der Moderation sind, sich vorzubereiten und mit Referentinnen und Referenten Absprachen zu treffen, den Arbeitsprozess zu strukturieren, Kommunikation zu initialisieren und lebendig zu halten, alle Anwesenden einzubeziehen, auf das gewünschte Gruppenergebnis (nicht inhaltlich) zu orientieren, Wichtiges (z.B. zentrale Fragen und Ergebnisse) zu visualisieren und die Zeit im Auge zu behalten.

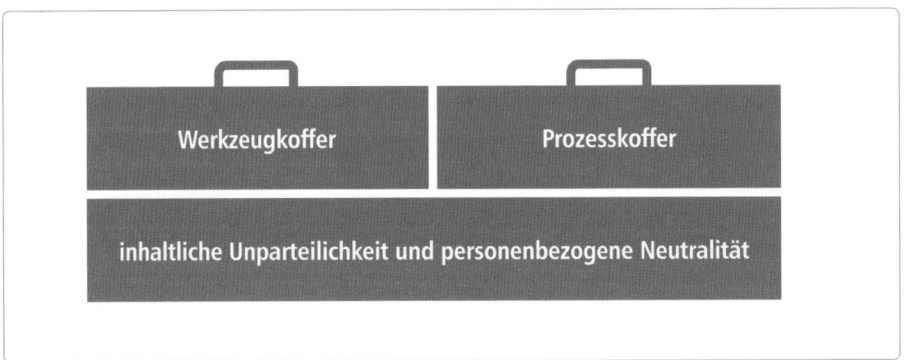

Abbildung 6: Ausstattung des Moderierenden (in Anlehnung an Hartmann, Rieger, & Funk, 2012, S. 28)

📖 **Lektüreempfehlungen**

○ Gräßner, G., & Przybylska, E. (2007). *The Moderation Method. A Handbook for Adult Educators and Facilitators*. Torun: Universitätsverlag.

○ Hartmann, M., Rieger, M., & Funk, R. (2012). *Zielgerichtet moderieren. Ein Handbuch für Führungskräfte, Berater und Trainer* (6. Aufl.). Weinheim u.a.: Beltz.

○ Seifert, J. W. (2014). *Visualisieren – Präsentieren – Moderieren* (34. Aufl.). Bremen: Gabal.

○ Siebert, H. (2010). *Methoden für die Bildungsarbeit. Leitfaden für aktivierendes Lehren* (4., akt. und überarb. Aufl.). Bielefeld: W. Bertelsmann.

Visualisierung

Die Visualisierung von Inhalten ist wichtig für gelingendes Lernen und rahmt eine Veranstaltung optisch. Durch das *Anschaulich*machen wird ein zweiter Kanal über das gesprochene Wort hinaus bedient. Die Wahrscheinlichkeit, dass Informationen behalten werden, wird so erhöht.

Allerdings liegt dort auch die besondere Schwierigkeit. In allen Fällen, in denen zwei oder gar drei Sinneskanäle für die Mitteilung verwendet werden, ist auf die Hierarchie derselben und auf deren Passung zu achten. Die Kommunikationsforschung hat ermittelt, dass das Bild den Ton übertrumpft – in der Situation selbst und im Erinnern.

BEISPIEL

Bei Nachrichtensendungen im Fernsehen wurde über einen Friedensschluss berichtet, begleitet von Bildern aus dem Kriegsgeschehen. Die Betrachter erinnerten sich nur an die Botschaft des Krieges, nicht jedoch an den Friedensschluss. Auch bei weniger martialischen Bildern gilt dieses Prinzip (Wember, 1976).

Neben der Hierarchie ist die Passung wichtig. Setzt man neben dem Vortrag visualisierende Elemente ein, stellt sich die Frage, wie beziehen sich diese beiden Medien aufeinander? Ist das Bild eine Illustration, eine Erklärung, eine Systematisierung? Spricht man über das Bild, bezieht man es in den Vortrag ein? Hat es Sinn, führt es die Aufmerksamkeit in eine ganz andere Richtung? Im Zweifelsfall gilt: auf die Visualisierung verzichten, beim gesprochenen Wort bleiben!

Für die Visualisierung eignen sich klassische Medien wie Flipcharts, Poster oder Pinnwände, die auch durch Karten der Teilnehmenden bestückt werden können. Überlegen Sie, wie sich gemeinsam Erarbeitetes am besten sichtbar machen und festhalten lässt.

Beliebt ist der Einsatz von PowerPoint-Präsentationen, auch wenn ihre Nutzung mittlerweile abgenommen hat. Der inflationäre Einsatz von Powerpoint entstand durch dessen Vorteil, Inhalte sehr anschaulich zu präsentieren. Immer mehr aber zeigte sich, dass die Aufeinanderfolge von Folien – auch wenn sie bildhaft und attraktiv gestaltet sind – keinen inhaltlichen roten Faden, Argumentation und Begrifflichkeit ersetzt. Zudem liegt in der Niedrigschwelligkeit des Mediums die Gefahr des Hypertrophen: Noch eine Folie, noch ein Satz, noch eine Information... und schon gibt es eine überladene Präsentation.

Nehmen Sie sich die Zeit, jede einzelne Folie auf ihre Funktion hin zu durchdenken: Soll die Folie erklären, illustrieren, unterstreichen? Benötigen Sie hierzu ein Zitat, ein Bild, einen kurzen Text, eine Abbildung? Was eignet sich am besten? An welchen Stellen soll visualisiert werden? Wo besser nicht? Bedenken Sie auch immer: Was ist noch zu sehen, während Sie sprechen und lenkt die Zuhörenden ab oder macht es wahrscheinlich, dass diese noch beim vorherigen Gedanken verharren?

TIPP

Black or white: Visualisierungsfreie Zone

Bauen Sie Leerfolien ein (schwarzer oder weißer Bildschirm), wo sich die Zuhörenden nur auf das gesprochene Wort konzentrieren sollen und es keine Ablenkung gibt. Tippen Sie während der laufenden Präsentation einfach „B" (black) oder „W" (white) und das Gleiche erneut, um zur Präsentation zurückzukehren.

Mittlerweile gibt es einige interessante Alternativen für die Visualisierung mit dem Computer: *Prezi, Emaze* oder *Infogr.am*.

Immer größerer Beliebtheit erfreut sich die Live-Visualisierung der Tagung durch (externe) Grafiker und Grafikerinnen – sogenannte *visual facilitators* –, die Geschehnisse und Ergebnisse von Vorträgen, Workshops und der Gesamttagung in einem oder mehreren, simultan erzeugten Bildern festhalten. Man spricht hier auch vom *visual recording*. Dies kann analog (auf Papier) erfolgen oder auch digital (übertragen durch einen Beamer). Gerade wenn es sich um Externe handelt, werden Inhalte sehr pointiert – aus dem Blickwinkel von außen – auf den Punkt gebracht, wie bei den Illustrationen in diesem Buch. Teilnehmende verfolgen das Entstehen der Bilder mit großer Spannung und haben das Gefühl, bei der Gestaltung eines gemeinsamen Produkts zuzuschauen, denn auch sie tragen zu den Inhalten der Tagung bei. Das Produkt bleibt und macht auch lange nach der Tagung noch das Gewesene und gemeinsam Erlebte sichtbar.

Folgende Anbieter gibt es am Markt:
o   www.graphic-recorder.eu
o   www.graphic-recording.blogspot.com
o   www.kommunikationslotsen.de

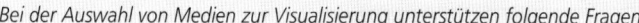

CHECKLISTE 9

Einsatz von Visualisierungen

Bei der Auswahl von Medien zur Visualisierung unterstützen folgende Fragen.

○ Soll die Visualisierung sichtbar bleiben? Wenn ja, dann eignen sich Pinnwände, Plakate oder *graphic recording* oder: Gesagtes kurzfristig unterstreichen (Flipchart oder Präsentationen am PC).

───────────────

○ Welche Funktion hat die Visualisierung (z.B. Illustrieren, Beispiele zeigen, Kompliziertes nachlesen, neugierig machen)?

───────────────

○ Welche Visualisierung ist tatsächlich notwendig? Oft ist weniger mehr.

───────────────

 Lektüreempfehlungen

○ Bergedick, A., Rohr, D., & Wegener, A. (2011). *Bilden mit Bildern. Visualisierung in der Weiterbildung*. Bielefeld: W. Bertelsmann.

○ Hartmann, M., Funk, R., & Nietmann, H. (2012). *Präsentieren. Präsentationen: zielgerichtet und adressatenorientiert* (9. Aufl.). Weinheim u.a.: Beltz.

○ Hey, B. (2011). *Präsentieren in Wissenschaft und Forschung*. Berlin, Heidelberg: Springer.

○ Lipp, U., & Will, H. (2008). *Das große Workshop-Buch. Konzeption, Inszenierung und Moderation von Klausuren, Besprechungen und Seminaren* (8., überarb. und erw. Aufl., darin Kapitel 9: Visualisieren und Dokumentieren). Weinheim, Basel: Beltz.

○ Rachow, A. (2013). *Sichtbar. Die besten Visualisierungs-Tipps für Präsentation und Training* (5. Aufl.). Bonn: Edition Training aktuell.

○ Weidenmann, B. (2015). *100 Tipps & Tricks für Pinnwand und Flipchart* (4. Aufl.). Weinheim u.a.: Beltz.

Dokumentation

Zur Dokumentation einer Veranstaltung können die entstandenen und eingesetzten Visualisierungen und Materialien, Skripte etc. gesammelt zur Verfügung gestellt werden. Am einfachsten geschieht dies auf der Tagungshomepage, entweder in einem öffentlichen oder einem geschützten Bereich. Hier können Präsentationen, visualisierte Gruppenergebnisse, Vortragstexte zum Nachlesen abgelegt werden. Außerdem kann in Foren eines auf der Tagungshomepage verlinkten *Content Management System* (wie ILIAS, Imperia, Drupal, infosite, moodle oder ATutor) weitergearbeitet und sich ausgetauscht werden, z.B. in während der Veranstaltung entstandenen Interessengruppen (Häfele & Maier-Häfele, 2012, S. 41ff.).

TIPPS

Halten Sie die Tagung in Bildern fest

Eine Form der Dokumentation der Gesamtveranstaltung ist das Fotoprotokoll. Halten Sie Atmosphäre und Ergebnisse in Bildern fest und verschicken Sie diese Erinnerung nach der Tagung an die Teilnehmenden oder stellen Sie diese auf der Tagungshomepage bereit. Wenn Sie mögen: Präsentieren Sie die Fotos schon während der Tagung, z.B. während der Pausen oder beim Abendprogramm. Das stärkt das Zusammengehörigkeitsgefühl der Teilnehmenden.

Es lohnt sich, für die Fotodokumentation einen Profi zu engagieren. Beauftragen Sie eine Person als Fotografen, die stimmungsvolle und aussagekräftige Bilder entstehen lassen kann.

Im asiatischen Raum ist es selbstverständlich, dass bei Veranstaltungen ein Bild (oder mehrere Bilder) von allen Teilnehmenden gemacht wird – alle müssen sichtbar sein! Im Vordergrund die Verantwortlichen, gerahmt von der gesamten Gruppe. Dieser „Fototermin" ist sogar Bestandteil des offiziellen Programms und wird dort aufgeführt. Diese Tradition beginnt sich auch in Europa durchzusetzen – ein solches Bild ist eine gute Erinnerungsstütze.

Achtung Bildrechte

Wenn Sie Fotos der Teilnehmenden machen, fragen Sie bei der Begrüßung oder in den Tagungsunterlagen, wer *nicht* damit einverstanden ist, zum Zweck der Tagungsdokumentation fotografiert zu werden. Sie können auch schon auf dem Anmeldeformular einen entsprechenden Hinweis geben:

„Im Laufe der Veranstaltung werden Fotos gemacht, die der Tagungsdokumentation dienen und später auf der Tagungshomepage zu sehen sein werden. Mit Ihrer Anmeldung zur Tagung willigen Sie ein, dass wir Sie in diesem Rahmen fotografieren dürfen. Bei Fragen hierzu wenden Sie sich bitte an das Organisationsteam."

Soll es eine Buchveröffentlichung der Resultate und Vorträge geben, so empfehlen wir, die Vortragenden spätestens auf der Tagung darüber zu informieren (→ Kap. 4.4). Dabei sollte auch klargestellt werden, dass eine Druckfassung gänzlich anders formuliert und aufgebaut ist als ein Vortrag und noch einmal zusätzliche Zeit der Bearbeitung erfordert.

Für die Mediendokumentation einer Tagung gibt es eine Reihe von Möglichkeiten; vielversprechend ist die Unterstützung einer Tagung über *social media*, wie z.B. Facebook und Twitter. Hier kann die Tagung schon im Vorfeld bekannt gemacht werden. Während der Tagung kann die Diskussion mittels eines Hashtags zur Tagung auch online geführt werden. Mit einem Bildschirm (z.B. in der Nähe des Tagungsbüros oder im Pausenbereich) kann die Dokumentation für alle sichtbar gemacht werden. Twitter kann hier auch als Ergänzung zum *Themenspeicher* dienen. Ähnliches ist möglich auf der Tagungshomepage oder in einem Tagungsblog. Es ist auch möglich, einen bereits existierenden Blog der eigenen Institution zu nutzen.

TIPP

Blog zu Web-2.0-Medien

Einen guten Blog zum Einsatz von Web-2.0-Medien in der Bildungsarbeit finden Sie hier: *www.dotcomblog.de*. Autor Guido Brombach berichtet von seinen professionellen Erfahrungen beim Einsatz neuer Medien in der Bildungsarbeit.

WISSENSWERT

BarCamp

Eine andere Form der Rahmung einer Tagung kann man während eines BarCamps kennenlernen. BarCamps werden auch *Un*konferenzen genannt, weil weder Ablauf noch Themen zu Beginn der Tagung feststehen, sondern von den Teilnehmenden im Verlauf entwickelt werden. Sie dienen vornehmlich dem selbstorganisierten und kritischen inhaltlichen Austausch, können aber auch konkrete Ergebnisse liefern. Häufig werden BarCamps in der IT-Szene durchgeführt. Sie erhalten aber auch in der bildungspolitischen oder kulturellen Landschaft immer mehr Aufmerksamkeit. Im Bildungsbereich spricht man von *EduCamps*.

BarCamps ähneln Open-Space-Veranstaltungen, sind aber noch offener gestaltet und geben Raum für viele Workshops, Vorträge und Diskussionen (Seliger, 2011, S. 93ff.). Alle Teilnehmenden sind aufgefordert, ihre Themen einzubringen. Eine besondere Herausforderung liegt darin, die Ergebnisse der Tagung in einem Abschlussplenum zusammenzubinden.

Um die offene Struktur eines BarCamps zu unterstützen, können Online- und Offline-Medien für die Nutzung bereitgestellt werden (z.B. ein Content-Management-System, ein eigenes Netzwerk, Materialien wie Stifte, Pinnwände, Karten und Papier).

Über BarCamps und EduCamps informiert man sich durch eine Web-Recherche, da hier viel in Bewegung ist. Hier ein paar interessante Links:

o   Informationen rund ums BarCamp: *www.barcamp.org*

o   Überblick über EduCamps in Deutschland: *http://educamp.mixxt.de*

o   Deutsches EduCamp 2014: *www.jetzt-auch-m.it*

o   Deutsches EduCamp 2015: *https://ecber15.educamps.org*

2.4   Immer alle zusammen? Die Sozialformen

Als „Sozialformen" bezeichnen wir die unterschiedlichen Formen der Gruppenbildung bei einer Tagung. Die wichtigsten Sozialformen sind:

o   das Plenum (alle Teilnehmenden sind aktiv anwesend)

o   die Gruppen (die Teilnehmenden sind in mehrere Gruppen aufgeteilt)

o   die Einzelnen (jeder und jede Teilnehmende ist für sich)

Versteht man Paare (z.B. in der Partnerarbeit) auch als „Gruppe", dann ist die Aufzählung der drei Sozialformen vollzählig.

Es gibt viele Veranstaltungen, in denen die Variante „Plenum" die einzige Sozialform ist – Sitzungen, Meetings und andere kleinere Veranstaltungen sind hier zu nennen. Ob das immer gut ist, kann zu Recht bezweifelt werden. Auch bei Sitzungen mit 20 Teilnehmenden können Gruppen- und Einzelarbeit weiterbringen! In den meisten Veranstaltungen jedoch werden die Sozialformen gewechselt, dies bringt Bewegung in das Geschehen und befördert (wenn auch nicht immer) den inhaltlichen und sozialen Fortgang des Veranstaltungsprozesses. Dabei werden die Vorteile der jeweiligen Sozialform genutzt.

Das *Plenum* (das Ganze, das „Volle") hat den Vorteil, dass alle Teilnehmenden anwesend sind. Bei Tagungen ist es normalerweise auch die Sozialform des Beginns und des Endes – Ziele können für alle verbindlich definiert, Ergebnisse festgehalten werden. Das Plenum ist daher der zentrale Tagungsort – im inhaltlichen Sinn. Mit dem Plenum werden alle Anwesenden erreicht, es können alle beteiligt werden, alle können das Geschehen verfolgen (vollständige Transparenz) und darauf Einfluss nehmen. Dabei können diversifizierende Methoden (wie *Fishbowl*, → Kap. 2.5) angewandt werden. Auch hat sich bei Veranstaltungen, die Wert auf Diskussion legen, eine entsprechende Sitzordnung bewährt: Die Teilnehmenden sitzen bereits gruppenweise an Tischen (mit zufälliger Anordnung), so dass bereits im Plenum kurze Gruppenphasen realisiert werden können. Dies ist ein probates Mittel besonders zu Beginn einer Tagung, wo sich die Teilnehmenden vorsichtig in die soziale Situation tasten.

Die *Gruppen* (die Teile des Ganzen) haben den Vorteil, dass in kleinerem Kreis Dinge ausführlicher besprochen werden können, mehr Teilnehmende zu Wort kommen und – in der Form von Parallelgruppen mehr Aspekte und Themen behandelt werden können. Die Gruppen dienen einer intensiveren und spezifischeren Arbeit, vor allem auch einer Arbeit, die Produkte hervorbringt. Auch eignen sich die Gruppen gut für das Klären von Organisatorischem; es sind zwar nicht alle Teilnehmenden gleichzeitig anwesend, man kann aber davon ausgehen, dass man alle Anwesenden auch *tatsächlich* erreicht.

Die *Einzelnen* (die Elemente des Geschehens, die Individuen, die Teilnehmenden) haben den Vorteil, jeweils für sich Dinge klären zu können, eigene Erfahrungen zu prüfen und zu formulieren, eigene Standpunkte und Bewertungen zu formulieren. Die Einzelarbeit kann zur Reflexion dienen, zum Brainstorming und zur Definition eigener Positionen.

Diese Beschreibung zeigt, dass es – jeweils abhängig vom Stand des Tagungsgeschehens – sinnvoll ist, die Sozialformen zu wechseln. Allerdings sind damit auch immer einige nicht einfache Entscheidungen darüber verbunden, wann und zu welchem Zweck welcher Wechsel der Sozialform vorgenommen wird. Im Grunde sind folgende Wechsel möglich:

- vom Plenum zur Gruppe
- vom Plenum zur Einzelarbeit
- von der Gruppe zur Einzelarbeit
- von der Einzelarbeit zur Gruppe
- von der Einzelarbeit zum Plenum
- von der Gruppe zum Plenum

Dabei sind jeweils verschiedene Aspekte zu bedenken, zu entscheiden und im Tagungsgeschehen angemessen zu vermitteln. Nehmen Sie diese Übergänge der Sozialformen ernst und legen Sie fest, welche Aufgabe und wie sie zu erfüllen ist. Die wichtigsten Schnittstellen sind im Folgenden genannt.

Plenum – Gruppe

Der gängige Wechsel bei Tagungen ist der vom Plenum zur Gruppe. Er findet so oft und selbstverständlich statt, dass er geradezu automatisch eingeplant und ebenso erwartet wird. Dabei werden die oben genannten Vorteile der Gruppenarbeit genutzt, aber auch noch weitere, meist unausgesprochene: Mit Gruppenarbeit kann man wesentlich mehr Menschen in aktive Mitarbeit bringen als ausschließlich im Plenum. Kollegen und Kolleginnen, Experten und Expertinnen können so – als Moderierende, Vortragende, Berichterstattende – in Position gebracht werden. Dies motiviert sie zur Tagungsteilnahme, bringt zusätzliche Kompetenz in das Tagungsgeschehen und verteilt die Last des inhaltlichen Prozedere auf mehr Schultern. Zugleich erhöht es den Stellenwert des Beitrags im Plenum, er bekommt dort den Charakter einer Keynote. Insbesondere in Kontexten, in denen nicht nur der inhaltliche Aspekt, sondern auch der einer politischen oder fachpolitischen Repräsentation umgesetzt werden soll, sind solche hierarchischen Abstufungen von Keynote und Gruppe ein Steuerungsmoment.

Die Arbeitsgruppen sind bei Tagungen meist schon im Vorfeld strukturiert, entstehen also nicht – wie etwa in Seminaren – im Verlaufe des pädagogischen Prozesses. Sie sind fast durchgängig inhaltsdiverse Arbeitsgruppen, die individuelle Interessen-Entscheidungen nahelegen und keine „gezwungene" Einteilung ermöglichen (Nuissl & Siebert, 2013, S. 113f.). Im günstigen Fall sind solche Arbeitsgruppen sinnvolle Ausdifferenzierungen des im Plenum behandelten Stoffes, die dessen Gehalt vertiefen sollen.

BEISPIEL

Stoffdifferenzierung

In einer Tagung zum Thema „Demografische Entwicklung und Erwachsenenbildung" wird in den Keynotes des Eröffnungsplenums auf die Alterungs-, Migrations- und Bildungstrends in der Gesellschaft hingewiesen. Im Anschluss daran finden vier Arbeitsgruppen statt: eine zum Thema „Altersgerechte Erwachsenenbildung", eine zum Thema „Pädagogische Arbeit mit Migrant/inn/en", eine zum Thema „Erwachsenenbildung als Teil des Lebenslangen Lernens" und eine zum Thema „Angebotsdifferenzierung und Zielgruppen". Mit den Arbeitsgruppen wird versucht, die allgemeinen Erkenntnisse der demografischen Forschung auf die Anforderungen an die Praxis der Erwachsenenbildung herunterzubrechen. In der Vorbereitung ist versucht worden, die Keynotes auf die Forschung zu demografischen Entwicklungen zu fokussieren (über Referentenauswahl und Vorgaben) und die Inputs in den Arbeitsgruppen (ebenfalls über Vorgaben und Referentenauswahl) auf die Konsequenzen für die Erwachsenenbildung zu konzentrieren. Da keine gemeinsame Vorbesprechung aller Inputgeber stattfand (das ist die absolute Ausnahme!), lag die inhaltliche Vorstrukturierung beim Vorbereitungsteam des Veranstalters. Hier bestand eine Arbeitsteilung hinsichtlich der Kommunikation mit den Referentinnen und Referenten, die Diskussionsstände wurden zu wenig ausgetauscht. Letztlich beziehen sich in der Tagung, trotz bester Absicht, die Inhalte von Plenum und Arbeitsgruppen nicht ausreichend aufeinander.

An diesem Beispiel kann man Folgendes erkennen: Die thematische Stoffdifferenzierung ist eine gute Absicht, genügt aber in der Veranstaltungsplanung nicht. Es bedarf weiterer Verfahren, um bereits im Vorfeld eine stringente Differenzierung sicherzustellen. Man hätte, um im Beispiel zu bleiben, auch eine Weiterführung des demografischen Themas vornehmen können, etwa zur Methodik demografischer Analysen, zur Extrapolation für die nächsten 30 Jahre, zur Relevanz der Demografie für politische und pädagogische Entscheidungen etc. – je abhängig vom inhaltlichen Ziel der Tagung.

Mittlerweile hat es sich eingebürgert, die Teilnehmenden bei der Anmeldung angeben zu lassen, in welcher Arbeitsgruppe sie mitarbeiten werden – vordergründig mit dem Argument der zu planenden Raumgröße, de facto aber auch, um das Zustandekommen der Arbeitsgruppe zu überprüfen und zu sichern sowie eine gewisse Verbindlichkeit zur Teilnahme bei den Angemeldeten zu erzeugen. Mit wenig Erfolg: Die Fluktuation der Tagungsteilnehmenden ist durch kaum etwas zu beeinträchtigen.

Ein anderes Verfahren ist beliebt: Man lässt die Arbeitsgruppen im Plenum durch die Moderierenden (oder die Vortragenden) vorstellen, gewissermaßen Werbung für die Teilnahme machen. Das ist ein probates Mittel, Transparenz herzustellen; den Werbe-effekt erfüllt es allerdings selten. Es steht auch in einem gewissen Gegensatz zur Voranmeldung für eine Arbeitsgruppe.

Das vielleicht sicherste Mittel ist hier, Arbeitsgruppen im Vorfeld so zu konzeptionieren, dass sie die Interessen der Teilnehmenden treffen, also z.B. aktuell oder provokant sind.

Für die Implementation von Arbeitsgruppen ist die Klärung, welche Funktion sie haben sollen, wichtig. Geht es um die Präsentation von weiteren Expertinnen und Experten und ihren Meinungen? Geht es um die Erarbeitung eines Produkts? Geht es um die erhöhte Partizipation der Teilnehmenden in kleinerem Rahmen? Geht es um die Vertiefung und Differenzierung des Inhalts? Oder geht es um noch anderes? Sicher kann eine Gruppenarbeit auch mehr als eine Funktion erfüllen, aber nur, wenn dies den „roten Faden" nicht beeinträchtigt.

Ein weiterer Aspekt beim Einsetzen von Arbeitsgruppen ist die Zeit. Es sollte genügend Zeit vorhanden sein, um die Fragestellung oder Aufgabe in der Gruppe ernsthaft bearbeiten zu können, aber nicht zu lange, um nicht eine separate Tagung oder Sitzung innerhalb der Tagung zu erzeugen – das Zusammensein von Gruppen hat immer eine Eigendynamik. Der Anteil einer Gruppenarbeit an der gesamten Tagungszeit sollte keinesfalls zwei Drittel überschreiten.

Schließlich ist zu bedenken, wie die Gruppe arbeiten soll. In der Regel benötigt auch eine Gruppe eine *Leitung*, so wie die ganze Tagung eine Leitung hat. Diese hat die Aufgabe, die Gruppe auf das Ziel zu lenken, zu moderieren und auf die Einhaltung des „roten Fadens" zu achten. Wie bei aller Moderation hat sie auch die Aufgabe, Zwischenstände und Ergebnisse zu resümieren, die soziale Situation sicherzustellen und die Verantwortung für die Gruppe zu tragen.

In den meisten Arbeitsgruppen auf Tagungen sind auch *Referentinnen* und *Referenten* tätig, dies hat sich eingebürgert, weil damit mehr Menschen eingebunden und positioniert, möglicherweise mehr Erkenntnisse vermittelt und mehr Stoff präsentiert werden kann. Auch ist dann die Wahrscheinlichkeit größer, dass mehr kompetente Teilnehmende anwesend sind. Oft ist damit aber auch eine Überfrachtung und Unklarheit der Tagung verbunden. Jeder Beitrag hat seine eigene Zielrichtung und seinen eigenen Kontext, und ein roter Faden kann leicht zerfasern. Es kann daher durchaus sinnvoll sein, in der Gruppenarbeit auf weitere Inputs zu verzichten und zielgerichtet den Inhalt und die Botschaften der Keynotes zu diskutieren. Ganz sicher aber sollte bedacht sein, dass eine wichtige Funktion der Arbeitsgruppen die Diskussion ist, und dass diese nicht durch zu viele Inputs verhindert werden darf.

Eine dritte Rolle in Arbeitsgruppen ist die des Protokollanten, einer Person, die das Diskutierte festhält (es ist übrigens überdurchschnittlich oft eine Protokollantin). Hier empfiehlt es sich seitens des Veranstalters, klarzustellen, wie protokolliert werden soll und welche Funktion das Protokoll hat. Da es meist die Grundlage der Information des Plenums ist, empfiehlt sich eine kurze, verständliche und übersichtliche Darstellung, wenn möglich auch visualisiert.

Eine vierte Rolle in Arbeitsgruppen ist die des Berichterstatters im Plenum, des „Rapporteurs". Diese Rolle wird oft entweder vom Moderierenden oder von der Protokollantin mit übernommen. Getrennt als Rolle ausgewiesen wird sie vor allem dann, wenn der Berichterstatter auch seine eigene Meinung zum und seine Einschätzung des Gesagten abgeben soll. Nicht selten wird im Team über die Ergebnisse der Gruppenarbeit berichtet – das ist sehr „partizipativ", kann aber auch irritierend wirken. Wenn keine besonderen Gründe vorliegen (etwa ein zu schüchterner Rapporteur), ist es besser, die Gruppe über die verbindliche Rückfrage „Welche Ergänzungen gibt es aus der Gruppe?" ins Spiel zu bringen.

Wichtig ist: In der Veranstaltungsplanung sollte ein gewaltiges Augenmerk auf die Funktion der Arbeitsgruppen und deren Ausgestaltung gelegt werden, bevor man sie – wie selbstverständlich – in das Tagungsprogramm einbaut.

Plenum – Einzelarbeit
Der Wechsel vom Plenum zur Einzelarbeit ist selten, er ist eher eine situative Methode. Er kann als Brainstorming oder Problemsammlung am Anfang stehen, in der Tagungsauswertung als vorbereitender Schritt der Evaluation erfolgen. Auch zwischendurch kann er sinnvoll sein, jedoch eher als Element der Moderation oder didaktische Maßnahme. Im Plenum etwa, nach einer Keynote, über die diskutiert werden soll, ist es schwierig, eine qualitätsvolle Diskussion aufzubauen, mit anderen Worten: zu verhindern, dass zu viel „Selbstdarstellung" das Motiv der Diskussionsbeiträge ist. Hier kann Einzelarbeit angesagt sein (Reflektieren des Gesagten, eigene Positionierung aufschreiben) oder auch eine „Murmelphase", um sich mit Nachbarn über offene Fragen zu verständigen. Zum Abschluss der Tagung ist die Einzelarbeit geeignet, um den Ablauf individuell zu reflektieren und ein begründetes Votum in der Evaluation abzugeben.

Gruppe – Einzelarbeit
Der Wechsel von der Gruppen- zur Einzelarbeit kann Sache der jeweiligen Gruppe sein, kann aber auch als Prinzip für die Tagung vorgegeben werden. Die Einzelarbeit dient insbesondere dazu, die eigene Reflexion anzuregen, aber auch, individuelle Positionen begründet in den Tagungsprozess einzubeziehen. Der Einbezug von Erfahrungen der

Teilnehmenden in die Gruppenarbeit kann durch Einzelarbeit zu Beginn sehr erleichtert werden. Auch ist im Verlauf einer Gruppenarbeit, deren Ziel ein Produkt ist, immer wieder Einzelarbeit sinnvoll. Letztlich dient die Einzelarbeit in der Gruppe dazu, das gemeinsame Ergebnis zu entwickeln und erkennbar auf jeden Einzelnen in der Gruppe zu stützen.

Einzelarbeit – Gruppe

Es ist sicherzustellen, dass die Einzelarbeit in der Gruppe wieder in die Gruppenarbeit zurückfließt. Da die Gruppen kleiner sind als das Plenum, ist dies eher möglich. Allerdings sind bei Tagungen mit 80 Teilnehmenden, die vier Gruppen bilden, immer noch 20 Personen zusammen. Das Einbeziehen der einzelnen Beiträge der Teilnehmenden lässt sich dann am ehesten mit entsprechenden Methoden ermöglichen, etwa mit Metaplan-Karten oder auszufüllenden Flipchart-Blättern. Oft entsteht dadurch bereits ein probates Spektrum für den Bericht zum Ergebnis der Gruppenarbeit.

Einzelarbeit – Plenum

Einzelarbeit ins Plenum zurückzuspiegeln ist ein ungünstiges Unterfangen, wenn das Plenum mehr als 20 Teilnehmende umfasst. Es wird langweilig, und die einzelnen Beiträge gehen unter, werden nicht mehr erinnert oder wahrgenommen. Letztlich gibt es hier nur zwei sinnvolle Wege: Das Ergebnis der Einzelarbeit bleibt als verfestigte Reflexion bei den Einzelnen oder das Ergebnis der Einzelarbeit wird ohne weitere verbale Interaktion visualisiert (z.B. auf kleinen Postern) und dem Plenum gezeigt. Dies ist etwa ein probates Mittel bei der Frage nach Erwartungen – sie können an der Wand sichtbar gemacht, auf sie kann auch am Ende zurückgegriffen werden. Eine dritte Möglichkeit ist, die Ergebnisse der Einzelarbeiten auf einer übergeordneten Ebene zu thematisieren, etwa mit der Frage: „Was fanden Sie am spannendsten?" oder „Was schlussfolgern Sie für Ihre zukünftige Arbeit?"

Gruppe – Plenum

Dies ist der schwierigste Wechsel, und leider auch derjenige, der am häufigsten scheitert. Die Gestaltung des Wechsels hängt ab von den Aufgaben der Gruppen und ihrer Stellung im didaktischen Konzept. Zunächst stellt sich die Frage: Sind die Gruppen themen- und aufgabengleich? Solche Gruppen werden eingerichtet, um eine höhere Partizipation der Teilnehmenden zu erreichen, vielleicht auch eine größere Zahl von Produkten zu erhalten, oder auch – der sozialen Dynamik zuliebe – die Leute miteinander besser bekannt zu machen und in Kommunikation zu bringen. Die Ergebnisse dieser Gruppen ergeben – zusammengeführt – die Vertiefung oder Ausarbeitung eines Aspekts.

Gruppen, die zu verschiedenen Themen mit unterschiedlichen Aufgaben arbeiten, können den anstehenden Inhalt ausdifferenzieren und erweitern und in größere Zusammenhänge stellen. Auch bei ihnen sind soziale und partizipative Effekte vorhanden (und meist auch beabsichtigt); sie sind für die Gruppenbildung aber nicht ausschlaggebend.

Für den Wechsel zurück ins Plenum ist es wichtig, die Funktion des Ergebnisses der Gruppenarbeit für die Tagung zu bedenken. Im Grunde sind hier drei Varianten möglich:

1. Die Gruppe führte eine zuvor besprochene Sache aus, es geht um die Vorstellung der (unterschiedlichen) Ergebnisse; in diesem Fall werden die „Produkte" vorgestellt, damit ist diese Arbeit abgeschlossen.
2. Die Gruppe erarbeitete differenzierte oder präzisierte Aspekte des Themas/Inhalts, die für die Weiterarbeit wichtig sind.
3. Die Gruppe reflektierte Thema/Inhalt, ohne ein „Produkt" zu erstellen.

Im dritten Fall ist keine Präsentation der Gruppenarbeit oder -ergebnisse im Plenum erforderlich, die Gruppe kann ihr Ergebnis für sich behalten. Sollte doch der Wunsch zur Präsentation bestehen, ist eher an eine nicht-diskursive Form zu denken (z.B. Aufhängen von Gruppenpostern). Im zweiten Fall sind die Gruppenergebnisse systematisch im Plenum zusammenzuführen; hier ist eine gut moderierte und zielgerichtet gefasste Plenumssequenz erforderlich, in der die Grundlage für die weitere Arbeit gelegt wird. Im ersten Fall muss das Produkt präsentiert werden, um die Arbeitsergebnisse der Gruppe(n) zu würdigen. Das kann durch eine Plenumsphase, aber auch über eine Postersession und Ähnliches erfolgen. „Würdigen" von Produkten heißt nicht nur, sie vorzustellen, sondern auch, ihren Wert anzuerkennen.

TIPP

Achten Sie darauf, dass das Produkt einer Gruppe nicht von dem einer anderen Gruppe „überdeckt" wird (z.B. das Poster mit den Ergebnissen einer Gruppe durch das Poster mit den Ergebnissen einer anderen).

Achten Sie darauf, dass alle Gruppen ihre Ergebnisse gleichberechtigt präsentieren können.

Achten Sie darauf, dass es zu jedem Gruppenergebnis die Möglichkeit der Ergänzungen (aus der Gruppe), der Nachfragen und der Kommentare gibt.

Das Nacherzählen dessen, was in einer Gruppe geschah und gesprochen wurde, ist langweilig und überflüssig. Zu vermeiden ist daher, dass eine Gruppenpräsentation die dort gehaltenen Referate wiederholt. Das, was inhaltlich aus der Gruppe in das Plenum getragen wird, muss zielgerichtet sein für den Fortgang der Gesamtdiskussion in der Tagung. Besser keine Präsentation der Gruppenarbeit als eine solche, die keinen Beitrag zum Fortgang der Diskussion liefert. Deshalb: Bedenken Sie sehr genau, was aus der Gruppe ins Plenum kommen soll und wie dies erfolgen soll. Und organisieren Sie die Gruppenarbeit entsprechend.

2.5   Was gibt es zu reden – und wie? Kommunikationsformen

Tagungen, Symposien oder Konferenzen werden mit verschiedenen Zielen durchgeführt. Veranstalter und Teilnehmende haben nicht selten ungleiche Interessen: Projektziele erreichen, Ergebnisse präsentieren, Akteure zusammenbringen, Diskurs und fachlichen Austausch ermöglichen, gemeinsam etwas erarbeiten. Tagungen sind aber auch Orte, an denen gelernt wird. Ein wichtiger Zweck von Tagungen ist, informelles Lernen der Teilnehmenden zu ermöglichen. Die Anwesenden dienen dabei als *soziale Quellen* (Müller, 2009), ob als Inputgeber und Workshop-Leiter oder als Gesprächspartner während Gruppenphasen oder in Pausen. Bei der Planung eines solchen Großgruppenereignisses gilt es darauf zu achten, möglichst gewinnbringend verschiedene Formen (fachlicher) Kommunikation zu initiieren, um das Lernen der Beteiligten zu protegieren. Hierfür steht eine Vielfalt an Methoden zur Verfügung, die miteinander verzahnt werden können. Außerdem: Tagungen dürfen Spaß machen. Auch hier gilt: Freude an der Sache fördert das gemeinsame Weiterkommen und Lernen!

Im Folgenden geht es um die klassischen Bestandteile einer Tagung. Außerdem finden Sie eine Auswahl an Methoden, die sich besonders für die Gestaltung von Tagungen eignen. Bedenken Sie aber bitte Folgendes: Wie beim Segeln, wo Boote lee- oder luv„gierig“ sein können (d.h., ohne Gegensteuerung fahren sie immer entweder nach Luv oder nach Lee), gibt es auch bei den Menschen, die auf einer Tagung versammelt sind, eine „Gierigkeit“: Ohne feste Steuerung tendieren sie immer zu längeren oder noch längeren Vorträgen, besonders im wissenschaftlichen Bereich. Bei allen Arbeitsweisen, die eben das nicht intendieren (etwa Fishbowl oder Diskussion allgemein), ist daher auf Regeleinhaltung zu achten.

> **TIPP**
>
> Bei allen angewandten Methoden ist auf die jeweiligen Regeln zu achten, sie sind streng einzuhalten. Auf die Tendenz von Menschen, längere Vorträge zu halten, ist entsprechend zu reagieren und gegenzusteuern.

Wählen Sie die Methoden für Ihre Tagung gründlich aus (→ Checkliste 10). Es geht nicht darum, ein Methodenfeuerwerk zu zünden, sondern diejenigen Methoden zu finden, die für die Situation passen und Lern- bzw. Austauschprozesse ermöglichen. Manchmal ist auch hier weniger mehr. Trotzdem kann es nicht schaden, ein paar kurze Methoden parat zu haben: für besonders heiße oder trübe Tage, rauchende Teilnehmerköpfe oder ungeplante Verzögerungen bei Technikhürden. Dies alles sind Gelegenheiten, Kommunikationsprozesse weiterzutreiben oder von Neuem anzuregen. Verbreiten Sie diese Backup-Methoden unter den beteiligten Moderierenden oder Workshopleitern, z.B. in Form eines kleinen Methodenbüchleins. Wenn Sie mögen, geben Sie dieses auch zu den Tagungsunterlagen.

CHECKLISTE 10

Die Methodenwahl

Bei der Auswahl der Methoden hilft es, sich die folgenden Fragen zu stellen.

○ Welchen Teilnehmerkreis erwarte ich? (Kennen sich die Personen? Sind sie die Zusammenarbeit in Gruppen gewohnt? Sind es methodenaffine oder -skeptische Personen?)

_____

○ Mit wie vielen Personen rechne ich für eine bestimmte Sequenz?

_____

○ Was ist das Ziel der didaktischen Sequenz? (Fachinhalte verbreiten, Austausch ermöglichen, Neues erarbeiten, Aufmerksamkeit erhöhen o.Ä.)

_____

○ Welche Methode stützt/fördert das Ziel der Sequenz?

_____

○ Welche Methoden passen zum Veranstalter und zu den durchführenden Personen? (Welches Image gilt es zu beachten? Wer kann die Methode selbstbewusst vermitteln?)

_____

○ Suche ich eine Methode für das Plenum oder für Arbeitsgruppen?

_____

○ Wie kann ich Inhalte angemessen visualisieren?

_____

Wählen Sie Methoden, die zum Ziel, zu den Teilnehmenden, zum Kontext und zu den Veranstaltern und Durchführern passen!

Begrüßung und Verabschiedung

Begrüßung und Verabschiedung prägen das Gesicht einer Veranstaltung; sie bilden die Rahmung des gemeinsamen Lernprozesses. Am Anfang stehen Grußworte und Keynotes, organisatorische Hinweise und das Kennenlernen von Organisierenden und Teilnehmenden. Wählen Sie Wichtiges aus und lassen Sie Unwichtiges weg, überfrachten Sie die Teilnehmenden nicht, sondern machen Sie sie neugierig auf das Folgende (→Kap. 3.5, 3.8).

Grußworte und Keynotes

Grußworte sprechen Wertschätzung aus: für diejenigen, die eine Tagung möglich gemacht haben und für die Teilnehmenden. Überlegen Sie: Wer sollte zu Wort kommen (Politikvertreter, Vertreter der Stadt, von Verbänden, Kooperationspartner, Veranstalter etc.). Wer kann noch einen bereichernden Impuls für das Thema der Veranstaltung geben? Wen kann man weglassen? Überfrachten Sie den Anfang nicht!

Gerade weil der Anfang so wichtig ist: Sprechen Sie sich gut mit den Grußwortgebern ab. Verwenden Sie bei der inhaltlichen Planung Zeit darauf, zu überlegen, wer welchen Aspekt einbringen kann, vermeiden Sie inhaltliche Redundanzen. Auch die Grußwortgeber werden sich freuen, wenn sie wissen, wo die Reise hingehen soll. Auch dies hilft, das Grußwort prägnant und anregend zu halten. Arbeiten Sie gemeinsam die Kernbotschaft des Grußwortes heraus. Grußworte sind in erster Linie ein Akt der Höflichkeit, sie dürfen trotzdem etwas zur Tagung beitragen.

Eine *Keynote* zu Beginn kann der Anker einer jeden Tagung sein, passend ausgewählt, bildet sie den Bezugspunkt für die Weiterarbeit und rahmt die Tagung insgesamt. Investieren Sie Zeit in die Frage, was Ziel und Inhalt dieser Keynote sein soll und wer die richtige Person für diese Aufgabe ist. Aber denken Sie auch daran, dass es noch viele andere Formen des „Schlüssels" gibt. Machen Sie die Entscheidung für die Form der Keynote vom Inhalt und Spannungsbogen der gesamten Tagung abhängig.

Was kann der *key* für die Tagung sein, was das *Schlüssel*thema, das die Tagung einleitet? Hier eignet sich immer etwas Bewährtes, etwas Innovatives oder auch etwas Provokantes. Geeignet kann eine anerkannte Persönlichkeit aus dem thematischen Kontext der Tagung sein oder auch jemand, der scheinbar erstmal nichts mit dem Thema zu tun hat – vielleicht eine bekannte Persönlichkeit aus einem ganz anderen Kontext –, die aber neue Impulse für das Thema bringt. Wichtig ist, dass die Keynote nicht in der Luft hängt, sondern einen gehaltvollen Start in die gesamte Tagung ermöglicht.

TIPP

Keynote als Rahmen

Empfehlenswert ist es, wenn der *Keynote speaker* an der gesamten Tagung teilnimmt, in Workshops mitmacht und zum Ende der Tagung noch einmal das Wort bekommt, um – den Tagungsverlauf und die Ergebnisse ein beziehend – den Bogen zum Anfang zu spannen. Das macht die Tagung rund und entlässt die Tagungsbesucher mit dem produktiven Gefühl, etwas geschafft und einen Abschluss, aber auch Impulse für die Weiterarbeit gefunden zu haben.

Vortrag

Der Vortrag ist die klassische Form der Inhaltsvermittlung auf einer Tagung, der häufigste „Input". Die guten und schlechten Vorträge sind häufig das, was Teilnehmende im Nachhinein erinnern. „Haben Sie den Vortrag gehört? Der war wirklich spannend!" oder „Meine Güte, war das langweilig!" Vorträge schaffen im Idealfall eine gemeinsame Wissensbasis der Teilnehmenden einer Tagung, auf die in Gruppenarbeitsphasen aufgebaut werden kann. Sie können auch eine Tagung beschließen, Ergebnisse zusammenfassen, einen Ausblick bieten. Damit Vorträge spannend werden und Teilnehmende etwas mitnehmen, lohnt es sich, sich eine Reihe Gedanken zum Vortrag zu machen.

TIPP

Machen Sie neugierig!

Zugleich die einfachste Lösung und schwierigste Aufgabe für einen Vortrag. Überlegen Sie im Vorfeld: Wer wird vor Ihnen sitzen? Was kann die Teilnehmenden interessieren? Was macht neugierig auf Ihren Vortrag? Was ist geeignet, die Spannung zu halten?

Ein Vortrag ist in erster Linie die Vermittlung von Fachwissen in einer gestrafften Form. Es kann sich um einen wissenschaftlichen Vortrag handeln oder um einen Praxisbericht eines Experten oder einer Expertin. Um einen Vortrag werden diejenigen gebeten, die sich mit dem Thema auskennen. Das ist Chance und Risiko zugleich, da sich diese Personen sehr nah am Thema befinden. Es ist die Aufgabe der Moderation, schon im Vorfeld gemeinsam mit dem Fachexperten oder der Fachexpertin einen interessanten Vortrag zu erarbeiten und herauszufinden, wie man das Thema für das erwartete Publikum rahmen, erklären und deutlich machen kann (→ Checkliste 11).

CHECKLISTE 11

Vortragsvorbereitung

Für Organisatoren einer Tagung ist es ratsam, über diese Punkte mit den Vortragenden sowie Moderierenden zu sprechen. Machen Sie sich gemeinsam auf den Weg zu einer lernreichen Tagung.

○ *Vorträge geben Antworten auf Fragen*
   Welche Frage(n) beantworten Sie, wie teilen Sie sie den Zuhörenden mit?

   _____

○ *Lernen ist immer Anschlusslernen*
   An welches Vorwissen und welche Erfahrungen können Sie bei den Teilnehmenden anschließen, woran diese bei Ihnen?

   _____

○ *Menschen haben eine endliche Erwartungstoleranz*
   Welchen Ausblick können Sie geben auf das, was kommt?

   _____

○ *Eine schlüssige Gliederung schafft Struktur*
Was ist der rote Faden in Ihrem Vortrag?

○ *Zuhörende brauchen Merkpunkte*
Was sind Anker in Ihrer Darstellung?

○ *Der Arbeitsspeicher des menschlichen Gehirns ist sehr begrenzt*
Wie können Sie Ihre Sprache so gestalten, dass sie von den Zuhörenden verstanden wird?

○ *Neugierige Menschen hören zu*
Was kann die Anwesenden bei der Sache halten?

○ *Gedanken neigen zum Abschweifen*
An welchen Stellen holen Sie die Lernenden wieder ins Boot?

○ *Visualisierungen unterstützen das Lernen*
Welche Inhalte sind die richtigen, um sie sichtbar zu machen?

Ein gutes Briefing im Vorfeld der Tagung und Besprechungen zwischendurch sind wichtige Erfolgsfaktoren.

Ein klassischer Vortrag ist dadurch gekennzeichnet, dass vorne jemand alleine spricht. Im Folgenden finden Sie verschiedene Varianten:
○ wissenschaftlicher Vortrag oder Expertenvortrag
○ Vortrag und Kommentar
○ Streitgespräch
○ Interview

Wissenschaftlicher Vortrag oder Expertenvortrag
Das ist der Klassiker unter den Vorträgen. Eine Person mit ausgewiesenem Expertenwissen aus Wissenschaft oder Praxis berichtet in einem Impulsvortrag von zentralen, altbewährten oder neuen Erkenntnissen. Im Anschluss (oder auch an definierten Punkten im Laufe des Vortrags) können Fragen gestellt werden. Vortrag und Vortragende werden eingangs von der Moderation eingeführt, die Fragerunde wird ebenfalls moderiert.

Vortrag und Kommentar

Bei dieser Variante schließt sich an den klassischen Vortrag ein Kommentar an, der

o   das eben Gehörte erörtert bzw. reflektiert,

o   das Thema noch einmal von einer anderen Seite beleuchtet,

o   einen weiteren Aspekt hinzufügt,

o   von neuesten Entwicklungen, z.B. aus der Praxis berichtet,

o   ein vorgetragenes Praxisbeispiel wissenschaftlich kommentiert.

Hier kommt es vor allem darauf an, dass Vortragende und Kommentargebende vorab in einen produktiven Austausch miteinander gebracht werden.

Streitgespräch

Diese Variante des Vortrags lebt durch den Wechsel von Rede und Gegenrede, die gemeinsam das Thema des Vortrags weiterentwickeln und durch die beiden antago-nistischen Positionen, die eingenommen werden, den Inhalt auf verschiedene Weise durchleuchten. Typische bzw. denkbare Einwände werden genutzt, um ein Thema aus-zubreiten und dessen Argumentation deutlich zu machen. Dieses Vorgehen eignet sich besonders bei kontroversen oder sehr komplexen Themen.

Interview

Hier wird der Vortragende entlang eines – vorab vorbereiteten – Leitfadens interviewt. Das Vorgetragene wird so lebendiger, da nicht nur eine Person spricht, und der Text sichtbar in Sinnabschnitte unterteilt wird. Auch das Streitgespräch kann alternativ zu einem abwägenden bzw. erörterndem Vortrag mit dem Ziel eines lernhaltigen Dialogs inszeniert werden.

 Lektüreempfehlungen

o   Kürsteiner, P. (2010). *100 Tipps & Tricks für Reden, Vorträge und Präsentationen*. Weinheim, Basel: Beltz.

o   Weidenmann, B. (2011). *Erfolgreiche Kurse und Seminare. Professionelles Lernen mit Erwachsenen* (8. Aufl., darin im Kapitel 2: Der Lehrvortrag). Weinheim, Basel: Beltz.

Podiumsdiskussion

Es gibt heute kaum eine Tagung ohne Podiumsdiskussion oder „Panel", wie das auf internationalen Tagungen heißt. Die Grundidee ist so einfach wie überzeugend: Einige Teilnehmende und/oder Expertinnen und Experten diskutieren stellvertretend für alle Anwesenden ein Thema. Man erhält übersichtlich und in kurzer Zeit das Spektrum der entsprechenden Meinungen und Interessen. Aber: Welch Schindluder kann mit diesem

Format getrieben werden! Und wie langweilig kann es sein – und ist es häufig. Deshalb: Eine Podiumsdiskussion ist kein Selbstläufer, sondern eine komplizierte Lehr- und Diskursform, sie bedarf einer sehr genauen Planung und Vorbereitung (→ Checkliste 12).

CHECKLISTE 12

Podiumsdiskussion

Wenn Sie darüber nachdenken, eine Podiumsdiskussion einzubauen, dann sollten Sie die folgenden Fragen prüfen.

○ An welcher *Stelle* Ihres Tagungsablaufs – Ihres Spannungsbogens – soll die Podiumsdiskussion platziert werden? Welche *Funktion* soll sie haben für den Inhalt, für die Teilnehmenden?

_____

○ Welche *Personen* sollen beteiligt werden (einschließlich Moderation)?

_____

○ Was ist das *Ziel,* was soll das Ergebnis sein?

_____

○ Was folgt danach?

_____

○ Wie viel *Zeit* steht für die Podiumsdiskussion zur Verfügung? Passen Zeit, Inhalt und Ziel zusammen?

_____

○ Wie läuft die Podiumsdiskussion methodisch ab?

_____

Stelle im Tagungsablauf

Im Prinzip kann eine Podiumsdiskussion an jede denkbare Stelle gesetzt werden, sie kann die Keynote des Beginns ersetzen, sie kann den Abschluss bilden, sie kann im Verlauf der Tagung in unterschiedlichsten Funktionen angesetzt werden.

Funktion

Die Podiumsdiskussion ist eine diskursive Methode (Podiums*diskussion*) und daher nicht geeignet für Wissensvermittlung oder Präsentation von Informationen. Sie kann Diskurse (etwa auch Arbeitsgruppenergebnisse) zusammenführen und bündeln, Kontroversen eröffnen und austragen, Inhalte entwickeln, ausdifferenzieren und problematisieren.

Personen

Die Auswahl der Personen hängt von der Funktion der Podiumsdiskussion ab. Geht es etwa um die Debatte über unterschiedliche Sichtweisen zum Inhalt, sind entsprechend kundige Interessenvertreter zu beteiligen (z.B. Bildungspraxis, Politik und Wissenschaft zum Thema: Anteil der Bildung an der Lösung ökologischer Probleme). Geht es darum, sinnvolle Perspektiven für die weitere Arbeit zu finden, sind Akteure mit unterschiedlichen Funktionen zu beteiligen (z.B. Laien, Funktionäre, ausländische Expertinnen und Experten und Pfarrer zur Frage: Wie können wir unsere kirchliche Bildungsarbeit international aufstellen?). Geht es darum, bestehende Sachverhalte gemeinsam zu reflektieren, sind Personen unterschiedlicher Expertise zu beteiligen (z.B. Ausländeramts-Mitarbeitende, Vertreter von Organisationen und aus der Wissenschaft und Betroffene zum Thema: Wie lassen sich Migranten sinnvoll integrieren?). „Hochkaräter" und „Big Shots" sind in Podiumsdiskussionen eher weniger empfehlenswert.

An einer Podiumsdiskussion sollten keinesfalls mehr als vier Personen teilnehmen (einschließlich Moderation), sonst kann kaum eine ernsthafte Diskussion stattfinden – und die Diskussion ist ja der eigentliche Sinn einer Podiumsdiskussion. Und an einer Podiumsdiskussion sollten Personen teilnehmen, die etwas zu sagen haben und dies auch mit Verve und Engagement tun.

Das klingt idealistisch, denn oft werden Podiumsdiskussionen danach besetzt, welche Lobbyisten und welche Stakeholder und welche Geldgeber zu berücksichtigen sind, damit niemand beleidigt ist. Da gilt es dann, sich zu entscheiden: eine rasch vergessene Runde mit Verkündungen oder eine zielgerichtete und in die Tagung passende Diskussion. Wählen Sie selbst, und wählen Sie richtig! Richtig heißt hier: Bedenken Sie das Outcome!

Ziel und Ergebnis

Eine Podiumsdiskussion sollte nicht für sich stehen, sondern auf eine Konsequenz abzielen – etwa eine verstärkte, erweiterte oder versachlichte Debatte. Sie sollte einen Diskussionsprozess entweder abschließen, ausdifferenzieren oder beginnen. Und ihr Ergebnis sollte festgehalten (z.B. Flipchart-Protokoll) und im weiteren Verlauf verwendet werden.

Zeit

Es hat sich eingespielt, dass Podiumsdiskussionen etwa eineinhalb Stunden dauern. Das ist sinnvoll – aber nur, wenn es nicht mehr als vier Personen auf dem Podium sind. Keinesfalls sollte eine Podiumsdiskussion weniger als eine Stunde oder mehr als zwei Stunden dauern.

Methodischer Ablauf

Die Podiumsdiskutanten müssen vorgestellt (am besten von der Moderation) und zugleich positioniert werden (Wofür stehen sie hier auf dem Podium?). Die Beiträge der Diskutierenden sind engzuführen, kein Beitrag sollte länger als zwei bis drei Minuten sein (Diskussion!). Die Diskutierenden müssen zur Diskussion untereinander gebracht werden (reihum – Antworten auf Fragen der Moderation sind langweilig). Dafür müssen die Diskutierenden im Halbkreis sitzen (oder noch besser: stehen), geöffnet zum Plenum.

Ein Teil der Zeit der Podiumsdiskussion (etwa ein Drittel) ist dafür vorzusehen, das Publikum an der Diskussion zu beteiligen (Partizipation!), es hat sicher Fragen und Kommentare. Vermeiden Sie, dass die Podiumsdiskussion einer additiven Veranstaltung ähnelt, in der jeder Podiumsteilnehmende einen kleinen Vortrag hält, der letztlich auch von guten Moderierenden nicht rüde abgebrochen werden kann. Und denken Sie daran: Die meisten Menschen, einmal in Versuchung geführt, neigen dazu, sich nicht an vereinbarte Redezeiten zu halten.

Wenn es nicht zu vermeiden ist, dass die Teilnehmenden der Podiumsdiskussion einen längeren (nicht mehr als fünfminütigen) Input geben (Funktion kritisch prüfen!), dann ist das deutlich von der Diskussionsrunde zu trennen, etwa durch sukzessives Betreten des Podiums oder durch ein Verlassen der Runde für die kurze Rede am Stehpult.

Teilnehmenden-Partizipation

Die Partizipation der Teilnehmenden an einer Tagung, Konferenz etc. ist ein wichtiger Faktor für deren Erfolg. Nur wenn es gelingt, aus Gästen Teilnehmende werden zu lassen, sie miteinander in Kontakt zu bringen, kann die Veranstaltung Früchte tragen. Es gibt eine Reihe von Möglichkeiten, Kommunikationsprozesse geplant einzubinden. Hiervon werden Sie in diesem Kapitel einige kennenlernen. Es ist aber ebenso wichtig, den Teilnehmenden genügend Raum für *nicht-organisierte Kommunikation* zu geben, was nicht bedeuten muss, diesen einfach genug freie Zeit zu geben. Zu groß ist hier die Gefahr des individuellen Mal-eben-was-Erledigens und Nicht-Nutzens der sich bietenden Kommunikationsgelegenheit. Andere Möglichkeiten sind die Gestaltung von Pausen, ab vom Tagungsthema, das Schaffen eines schönen Raumes für die Pause oder die gemeinsame Gestaltung des Abendprogrammes (→ Kap. 3.7).

Es gibt viele Gelegenheiten und Möglichkeiten, die Gäste als Teilnehmende in eine Tagung einzubeziehen: die Einbindung während Vorträgen, das Initiieren von Diskussionen oder die Arbeit in Gruppen. Wichtig bei der Planung und Durchführung ist die richtige (zeitliche) Komposition der verschiedenen Tagungsbausteine. Eine inhaltliche Einheit darf nie länger als 90 Minuten dauern, dann brauchen Teilnehmende eine (mindestens kurze) Pause. Nach 20 Minuten kann bereits ein Wechsel der Methode oder der Sozialform erfolgen, um die Aufmerksamkeit der Teilnehmenden und deren Partizipation zu gewährleisten. Man spricht hier von der 20- und der 90-Minuten-Regel. Und denken Sie daran: In der Lernforschung wurde festgestellt, dass die Höchstdauer für eine konzentrierte Aufmerksamkeit (Rezeption) bei ca. 45 Minuten liegt.

TIPP

Austausch fördern

Fordern Sie die Teilnehmenden im Verlauf der Tagung explizit auf, sich zu vernetzen. Ein paar Beispiele:

o *vor Inputs*
   „Suchen Sie jemandem im Raum, den Sie noch nicht kennen und diskutieren Sie zu der Frage…"

o *nach Inputs und vor Diskussionen*
   „Unterhalten Sie sich mit Ihrem Sitznachbarn darüber: Was ist hängengeblieben vom Vortrag? Überlegen Sie gemeinsam, welche Fragen noch offen sind."

o *vor einer Pause*
   „Erinnern Sie sich, warum Sie hergekommen sind: Mit wem wollen Sie sich in der Pause dazu austauschen?"

o *vor dem Schluss der Veranstaltung*
   „Sie haben zehn Minuten Zeit: Mit wem wollen Sie unbedingt noch sprechen? Gehen Sie auf die betreffende(n) Person(en) zu."

Für alle Gruppenarbeiten gilt: Sie sind so selbstverständlich wie herausfordernd. Kennen Sie das von sich oder anderen: Gruppenarbeitsaversion? Sie ist deshalb so weit verbreitet, weil Gruppenarbeit manchmal den Eindruck macht, nicht genug durchdacht zu sein: Weder Ziel noch Aufgabe werden klar. Setzen Sie deshalb Arbeitsgruppen ein, wenn diese gewinnbringend und zielführend sind – andernfalls nicht. Ziele, Arbeitsgruppen einzusetzen, können sein:

o neues Wissen verteilen oder vertiefen
o den Erfahrungsaustausch untereinander fördern
o intensivere Diskussionen führen oder vorbereiten
o Ergebnisse zusammenfassen
o Transferprozesse unterstützen

Im Zuge einer „Öffnung" des Tagungsgeschehens, einer größeren Beweglichkeit und möglicherweise auch Orientierung an den Interessen der Teilnehmenden sind Formate in Mode gekommen, die den Ablauf von Plenum und Gruppenarbeit praktisch auflösen. Sie sind unter dem Begriff „Open Space" versammelt und finden sich in verschiedenen Variationen.

Lerncafés
Eine davon ist das „Lerncafé", dem Vier-Ecken-Soziogramm der Interessen- und Informationssondierung nachempfunden (Gugel, 1997). Im Lerncafé werden verschiedene „Locations" angeboten, die besucht werden können bzw. sollen. Aus raumtechnischen Gründen bieten sich hier vier Locations an, in jeder Ecke des Raumes eine. Dort werden nicht nur (wie allgemein bei Open-Space-Verfahren) Informationen bereitgestellt,

die individuell abgerufen werden können, sondern regelgerecht Vorträge gehalten und Inputs gegeben. Da dies kaum individuell zu regeln ist, wandern zusammengestellte Gruppen im vorgegebenen Zeitraum (meist die Regelzeit für Gruppen, etwa eine Stunde oder eineinhalb Stunden) von einer „Location" zur anderen.

Dieses Format hat Vorteile. Die Teilnehmenden sind in Bewegung, sie können weit mehr Input als im Plenum erfassen, müssen sich also nicht für eine bestimmte Gruppe entscheiden. Das Format scheint den Teilnehmenden entgegenzukommen, ihnen eine breite Beteiligung am Geschehen und Austausch zu ermöglichen.

Dieses Format hat aber auch gravierende Nachteile. Nicht einmal der größte ist es, dass die Referentinnen und Referenten mehrmals ihren Vortrag halten müssen (ziemlich ermüdend und demotivierend); am stärksten fällt ins Gewicht, dass der eigentliche Sinn von Gruppenarbeit, die intensive Auseinandersetzung mit einer Frage oder einem Problem in einer Diskussion, praktisch nicht stattfinden kann. Kaum ist der Vortrag vorbei, geht es schon wieder zur nächsten Location. Das Format scheint auf den ersten Blick offen und flexibel, ist aber – vor allem statisch gebraucht – eine Vervielfachung des Frontalunterrichts. Auch fehlt eine gemeinsame Schlussfolgerung, die Konsequenz, das Ergebnis, was normalerweise von allen im Plenum beraten und geschlussfolgert wird. Letztlich steht das Format im Widerspruch zu allen didaktischen Vorstellungen eines „Spannungsbogens" (→Kap. 2.1).

Die Nachteile sprechen nicht dagegen, das Format einmal in der Tagung einzuplanen, wenn es denn um eine Vervielfachung von Informationen zu einem bestimmten Zweck und Ziel geht, wenn also die Vorteile eine wichtige Rolle spielen. Abwegig ist es jedoch, dieses Format zum dominierenden einer ganzen Tagung, womöglich mehrtägig, zu machen. Dies gilt jedoch für alle Formate: Auch bei einer Tagung (wie bei einem Seminar) sollte ein (didaktisch reflektierter und begründeter) Wechsel der Formen stattfinden, um die jeweiligen Vorteile im Zuge des sozialen und inhaltlichen Prozesses zu nutzen – nicht nur wegen der 90- und 20-Minuten-Regel.

TIPP

Gruppendrehbuch

Es gibt auch Varianten, bei der eine Gruppenaufgabe sehr strukturiert bearbeitet wird, z.B. die Arbeit mit dem Gruppendrehbuch (*Peer Facilitated Learning*, PFL, nach Ib Ravn). Dieses ist dazu geeignet, Vorurteile gegen Gruppenarbeiten aufzuheben.

Beim PFL bekommen Gruppen jeweils einen Laufzettel, auf dem das Ziel der Gruppenaufgabe und genaue Zeiten für inhaltliche Abschnitte angegeben sind. Der am Anfang zu bestimmende *Group Facilitator* moderiert die Gruppe und achtet auf die Zeit. Alles, was die Gruppe wissen muss, findet sie in ihrem Gruppendrehbuch, das sie Stück für Stück durchgeht. Auf diese Weise kommen alle Gruppen zu einem strukturierten Ergebnis, das sie ins Plenum einbringen können. Das Gruppendrehbuch kommt aus dem Bereich Hochschule und ist noch neu in Deutschland. Es ist auch für Tagungen sehr geeignet.

Gruppenarbeiten können verhängnisvoll für Zeitpläne sein, wenn jede Gruppe am Ende der Gruppenarbeitsphase ihre Ergebnisse im Plenum präsentieren soll. Auf der anderen Seite soll das Ergebnis der Gruppe gewürdigt werden und sollen interessante Impulse ins Plenum einfließen. Im Folgenden stellen wir einige Varianten zum Klassiker („Alle Gruppen berichten") vor:

o   Eine oder zwei Gruppen berichten, die anderen ergänzen.
o   Jede Gruppe berichtet nur zu einem Punkt.
o   Die Gruppen visualisieren ihre Ergebnisse und während einer kurzen Kaffeepause und haben alle Gelegenheit, sich die Ergebnisse der anderen anzuschauen.
o   Jede Gruppe hat nur 90 Sekunden Zeit, ihr Ergebnis vorzustellen (Timer stellen!).
o   Die Gruppenergebnisse werden auf übergeordneter Ebene im Plenum aufgegriffen, z.B. durch eine Frage wie „Was war das wichtigste Ergebnis der Gruppe?"

Auch Diskussionen laufen manchmal schleppend an. Folgende Methoden helfen fruchtbaren Diskussionen auf den Weg:

Murmelgruppe

Der Klassiker unter den Diskussionsgruppen. Die Teilnehmenden sprechen zunächst paarweise oder in Kleingruppen (max. sechs Personen) über verschiedenen Fragen, bevor im Plenum diskutiert wird. Hierbei können die Gruppen die gleiche Frage oder verschiedene Fragen bearbeiten. In kurzer Zeit werden eine Menge Ideen und Einwände generiert (Weidenmann, 2011, S. 46ff.). Eine Murmelphase empfiehlt sich vor allem zu Beginn einer Tagung, wenn es darum geht, sich im Plenum zu äußern – sie nimmt vielfach die Scheu, sich in einem unbekannten Rahmen zu exponieren.

Round Robin

Hier werden Ideen generiert durch ein strukturiertes Brainstorming, an dem sich alle beteiligen. In Gruppen mit vier bis sechs Teilnehmenden äußert der Reihe nach jede Person ihre Assoziationen zu einer Frage, die zuvor dem Plenum gestellt wurde. Zu dieser werden in kurzer Zeit (fünf bis 15 Minuten) einige Ideen generiert, da sich alle Teilnehmenden beteiligen und Gesagtes nicht durch Kommentare anderer von vornhinein abgelehnt wird. Die gesammelten Punkte können z.B. auf einem Flipchart für die Weiterarbeit in der Gesamtgruppe festgehalten werden (Barkley, Cross, & Major, 2014, S. 108ff.).

Think-Pair-Share

Eine Methode, die gestaffelt drei verschiedene Sozialformen verwendet, um die Partizipation der Teilnehmenden im Plenum zu erhöhen. Nachdem eine Diskussionsfrage ans Plenum gestellt wurde, sortieren und strukturieren die Teilnehmenden im ersten

Schritt zunächst ihre eigenen Gedanken (*think*, ca. drei Minuten). Danach tauschen sie sich mit ihrem Sitznachbarn aus, prüfen dabei ihre Meinung und erweitern diese (*pair*, ca. sieben Minuten). Schließlich werden Statements ins Plenum eingebracht und mit der Gesamtgruppe diskutiert (*share*, zehn Minuten) (Barkley, Cross, & Major, 2005, S. 104ff.).

Methoden für Tagungen

Die Varianten an Methoden, die man auf Tagungen einsetzen kann, sind unendlich. Es gibt jene Methoden, die nur kurz dauern (drei bis sieben Minuten) und die Aufmerksamkeit der Teilnehmenden wieder bündeln, um deren Lern- und Arbeitsfähigkeit zu erhöhen, und solche, die eine längere inhaltliche Sequenz (maximal die ganze Tagung) gestalten. Grundsätzlich können Methoden zweierlei Funktion erfüllen: Entweder sind sie die tragenden Verfahren für die Vermittlung und Bearbeitung von Inhalten, oder sie sind diejenigen Verfahren, die den sozialen Lern- und Arbeitsprozess steuern. Ein klassisches Beispiel für die erste Funktion ist ein Vortrag, ein klassisches für die zweite Funktion eine Moderation. Inhaltlich vermittelnde und steuernde Funktionen sind aufeinander zu beziehen und im Wechsel anzuwenden; beide Funktionen können nicht sinnvoll mit einer Methode erfüllt werden.

TIPP

Methodeneinsatz

EINS

Denken Sie stets daran vor einer Methode, in der die Teilnehmenden selbstständig arbeiten, die Zeit zu nennen, die hierfür zur Verfügung steht. Am besten nennen Sie die Zielzeit („Sie haben Zeit bis 13:45 Uhr.") statt der geplanten Dauer. Wenn möglich: Notieren Sie die Zeit sichtbar für alle.

ZWEI

Sobald ihre Gruppe in Bewegung kommt, wird es laut. In den meisten Fällen ist es deshalb sinnvoll, die Regieanweisungen oder die Gruppenaufgabe sowie die entsprechenden Rahmenbedingungen zu kommunizieren, *bevor* Sie Gruppen bilden oder die Teilnehmenden anders aktivieren. Vergewissern Sie sich stets, ob das Erklärte verstanden wurde („Alles klar?"), bevor Sie loslegen, damit es keine Unterbrechungen durch Rückfragen gibt, die die Gruppendynamik stören.

DREI

Machen Sie sich Gedanken darüber, wie Sie die Aufmerksamkeit Ihrer Teilnehmenden nach einem Wachmacher oder einer Gruppenphase zurückbekommen. Ein Gong, eine Glocke o.Ä. können hier Wunder wirken und geben der Unterbrechung etwas Wertschätzendes, da das Geräusch eine Assoziation zum Theater oder anderen kulturellen Veranstaltungen hervorruft. Sie können aber auch einen lustigen Ton oder ein Lied nutzen, der sich als *running gag* durch die Tagung zieht. Smartphones und Tablets halten hierfür einige Möglichkeiten bereit.

Fishbowl

Diese Methode eignet sich für die Gestaltung von Arbeitsgruppen mit maximal 40 Personen während einer Tagung. Die Teilnehmenden sitzen in einem Innen- und einem Außenkreis. Im kleineren Innenkreis (max. sieben Personen) sitzen die derzeit Aktiven, im Außenkreis die Beobachter, wie um ein Goldfischglas herum. Die Personen im Innenkreis diskutieren ein Thema, tauschen sich zu Fragen oder gerade Gehörtem aus. Es gibt einen freien Stuhl im Fishbowl. Jeweils ein Beobachter aus dem Außenkreis kann dort Platz nehmen, sich an der Diskussion beteiligen und nachdem er seine Interessen vertreten hat, wieder auf seinen ursprünglichen Platz zurückkehren. Bei dieser Form der Diskussion geht es nicht nur ums Reden, auch das Zuhören spielt eine wichtige Rolle. Durch die Einwechslung verschiedener Personen wird die Diskussion bereichert und gewinnt an Kontur.

Die Dauer eines Fishbowls beträgt zwischen 30 und 45 Minuten. Es ist wichtig, vorher das Vorgehen und die Ziele genau zu erklären. Es gibt mindestens vier Varianten eines Fishbowls:

1. Es ist möglich, dass sich die Moderation (zunächst) mit in den Innenkreis setzt, um die Diskussion auf den Weg zu bringen.
2. Ein Fishbowl mit mehreren freien Stühlen ist denkbar.
3. Es gibt einen geschlossenen Fishbowl, ohne freien Platz, bei dem die Beobachter sich nicht einwechseln, sondern die Ergebnisse der Diskussion z.B. auf einem Flipchart festhalten.
4. Beim Fishbowl mit Rollenwechsel wird nach einem vorher festgelegten Zeitraum der Innenkreis komplett ausgewechselt.

World Café

Diese Methode eignet sich für sehr große Gruppen mit bis zu über 1.000 Teilnehmenden, aber auch für kleine Gruppen mit mindestens zwölf Personen. Man benötigt eine entsprechende Anzahl an (bestuhlten) (Steh-)Tischen, an denen sich jeweils vier bis fünf Personen zusammenfinden können. In mehreren Runden unterhalten sich die Teilnehmenden nun zu einem Thema und halten die Ergebnisse fest. Zwischen den Runden werden die Tische gewechselt, Ergebnisse wieder in eine neue Gruppe eingebracht, die eigenen Ergebnisse erweitert usw. Am Ende werden die Gesamtergebnisse präsentiert.

Das World Café ist eine simple Methode, mit der die Expertinnen und Experten im Raum vernetzt werden und das Wissen der Gesamtgruppe zu einem bestimmten Thema gesammelt wird. Durch die Vernetzung und den Austausch entstehen neue Facetten und kreative Ideen. Die Methode geht davon aus, dass das Wissen zur Lösung eines Problems immer schon in einem sozialen System vorhanden ist, es muss nur erkannt, erweitert und genutzt werden (Seliger, 2011, S. 106). Sie stützt sich dabei auf sechs Prinzipien.

Sechs Prinzipien des World Cafés

1. Das Ziel des World Cafés erklären (klarer Fokus für einfacheres Einfinden der Teilnehmenden);

2. einen einladenden Raum schaffen (gute Atmosphäre für gelingenden Austausch);

3. praxisrelevante Themen wählen (relevante, anregende Fragen für fruchtbare Diskussionen);

4. Menschen mit unterschiedlichen Perspektiven verbinden (unterschiedliche Perspektiven für eine Sicht auf das Ganze);

5. gemeinsam den Fragen nachgehen (einander zuhören für den gemeinsamen Lernprozess);

6. gemeinsame Erkenntnisse sichtbar machen (Visualisieren für die lebendige Präsentation) (ebd., S. 107f.).

Ein World Café dauert etwa vier Stunden, je nach Teilnehmerzahl auch kürzer. Es beginnt mit der Erklärung des Ablaufs und der Erläuterung von Thema und Ziel und ggf. der Spielregeln. Danach gibt es drei Runden von je circa 30 Minuten Dauer, bei denen sich die Tiefe der Gespräche erhöht. Nach den beiden ersten Runden wechseln die Teilnehmenden jeweils an andere Tische. Eine Person (der Gastgeber, der zu Beginn der ersten Runde bestimmt wird) bleibt am Tisch und berichtet den neuen Personen kurz vom Stand der Diskussionen am Tisch und regt die Debatte neu an, falls notwendig. Der Gastgeber ist auch derjenige, der zum Abschluss die Ergebnisse am Tisch präsentiert. Es kann sinnvoll sein, dass der Gastgeber jeweils eine Person aus dem Kreis der Veranstalter ist, besonders bei komplexen Themen.

Während allen drei Runden malen, zeichnen und schreiben die Teilnehmenden wichtige Punkte und Ergebnisse auf die Papiertischdecke oder ein anderes Papier (z.B. Wandzeitung oder Flipchart-Papier). Hierbei sind der Kreativität keine Grenzen gesetzt. Nach Abschluss der Runden werden die Ergebnisse aller Gruppen im Plenum präsentiert, entweder alle frontal oder in Form einer Ausstellung mit Ansprechpartner. Danach endet das World Café.

Die Methode eignet sich besonders, um verschiedene Dimensionen eines Themas sichtbar zu machen. Sie lässt sich auch als Block in eine größere Gesamtveranstaltung einflechten.

Mehr Methoden

Wir laden Sie ein, sich von den zahlreichen existierenden Methodenbüchern inspirieren zu lassen und sich zu erinnern: Welche Methoden kennen Sie? Welche Spiele von früher könnte man adaptieren (z.B.: Knobeln mit „Stein, Schere und Papier")? Legen Sie Ihre eigene Methodensammlung an! Beobachten Sie Tagungen, Fortbildungen und Workshops, an denen Sie teilnehmen, auch unter diesem Aspekt! In den meisten Fällen wird es wichtig sein, die Methode für Ihren Kontext zu verändern. Seien Sie kreativ, mutig, und orientieren Sie sich an den Tipps zu Beginn dieses Kapitels. Und denken Sie daran: Zünden Sie kein Methodenfeuerwerk, sondern wählen Sie jede Methode aus einem bestimmten Grund!

Fünf Wachmacher mit „A"

Aufstehen

Der einfachste aller Wachmacher, kurz und effektiv: Bitten Sie die Teilnehmenden, aufzustehen. Zum Beispiel zu Beginn einer Diskussionsrunde. Wenn Sie mögen, können Sie hiermit auch einen Platzwechsel oder einen Umbau („Bitte stellen Sie alle Stühle an die Wände!") verbinden. Sie werden sich wundern: Die Teilnehmenden sind wacher und bekommen tatsächlich eine neue Perspektive auf die Dinge.

Aufstehfragen

Super für den Beginn der Tagung: Formulieren Sie bestimmte Aussagen und bitten Sie diejenigen, auf die diese zutreffen, kurz aufzustehen. Stellen Sie zum Beispiel zehn Fragen zum Kennenlernen (Beispiele: „Ich komme aus dem Hochschulbereich.", „Ich arbeite bei einem Bildungsträger.", „Ich komme aus dem Umkreis von 100 Kilometern.") und zehn, die sich auf das Thema der Tagung beziehen (Beispiele: „Ich bin Novize bei diesem Thema.", „Ich bin Experte oder Expertin für dieses Thema." „Ich finde das Thema der Tagung gehört ganz oben auf die bildungspolitische Agenda."). Um wirklich alle einzubeziehen, kann die letzte Frage des ersten Frageblocks sein: „Ich bin bisher nicht aufgestanden." Sie schlagen zwei Fliegen mit einer Klappe: Die Teilnehmenden lernen sich kennen und werden wach („lebendige Statistik" bei Ritter-Mamczek & Lederer, 2012).

Anagramm

Vor einem längeren Input nennen Sie den Teilnehmenden ein Schlüsselwort für das Folgende. Am besten visualisieren Sie dieses Wort zusätzlich, möglichst so, dass es die gesamte thematische Einheit über sichtbar bleibt (z.B. auf einem Plakat an der Wand). Nun fordern Sie die Teilnehmenden auf: „Notieren Sie sich dieses Wort in großzügig gesetzten Großbuchstaben auf einem Blatt Papier und überlegen Sie, welche anderen Begriffe für Sie zu diesem Wort gehören. Dies können z.B. Fragen sein oder wichtige Aspekte, die Ihnen dazu einfallen. Schreiben Sie die anderen Worte durch unser Titelwort, wie in einem Anagramm. Wir werden Ihr Anagramm später noch brauchen. Sie haben drei Minuten Zeit." Am besten, Sie zeigen ein Beispiel für ein Anagramm (→ Abb. 7).

```
            A  B   B I L D U N G E N
               E   R K L Ä R U N G E N
            W  I   C H T I G E   B E G R I F F E
  H I N W E I   S   E
               P   E R S P E K T I V E N
         M E  I   N U N G E N
      F R A G  E   N
   A P P E L   L
```

Abbildung 7: Beispiel für ein thematisches Anagramm

Diese Methode aktiviert das Vorwissen der Teilnehmenden und erhöht die Aufmerksamkeit für das folgende Thema. Vor der Fragerunde oder Diskussion können Sie wieder auf das Anagramm zurückgreifen: „Schauen Sie nun bitte nochmal auf Ihr Anagramm. Sind alle Aspekte zur Sprache gekommen? Fehlt Ihnen etwas? Welche Fragen haben Sie?" Planen Sie genügend Zeit für einen spannenden Austausch ein.

Assoziationsketten

Im Plenumsraum hängt gut sichtbar ein großes Plakat, auf dem ein zentraler Impulsbegriff aus dem Tagungskontext notiert ist. Dieser Begriff darf gerne kontrovers sein oder auch emotional konnotiert. Ein zweiter Begriff, der an den ersten assoziativ anschließt (gerne provokant) wird ebenfalls notiert. Die Teilnehmenden werden aufgefordert, die entstehende Kette in den Pausen fortzusetzen. So entsteht ein humorvoller Raum abseits des Offiziellen, der auch zur emotionalen Entlastung beitragen kann (Landesinstitut für Schule und Weiterbildung, 2000, Karte 002).

Aufforderung

Nach einem längeren Input (zum Beispiel der Keynote) fordern Sie die Teilnehmenden auf: „Stehen Sie auf, blicken Sie sich um und gehen Sie auf jemanden zu, mit dem Sie noch nie geredet haben. Stellen Sie sich kurz vor und sprechen Sie dann darüber, welche Aspekte des gerade Gehörten für Sie neu, überraschend oder provozierend waren. Überlegen Sie gemeinsam, welche Fragen sich daraus für Sie ergeben." Nach ein paar Minuten bitten Sie die Teilnehmenden zurück auf ihre Plätze und fordern sie auf, ihre Fragen zu stellen. Der Effekt: Mehr Personen beteiligen sich, die Fragen sind überlegter, weniger Co-Referate nach dem Motto „Was ich immer schon vor so vielen Menschen sagen wollte". Denken Sie daran, auch für die lebhaftere Diskussion genug Zeit einzuplanen.

> 📖 **Lektüreempfehlungen**
>
> o   Dürrschmidt, P., Koblitz, J., Mencke, M., Rolofs, A., Rump, K., Schramm, S., & Strasmann, J. (Hrsg.). (2014). *Methodensammlung für Trainerinnen und Trainer* (9. Aufl.). Bonn: managerSeminare.
>
> o   Groß, H. (2012). *munterbrechungen. 22 aktivierende Auflockerungen für Seminare und Sitzungen* (2. Aufl.). Berlin: Schilling.
>
> o   König, S. (2014). *Warming-up in Seminar und Training. 45 Übungen und Projekte zur Unterstützung von Lernprozessen* (4. Aufl.). Weinheim u.a.: Beltz.

2.6   Reden wir über das Gleiche? Internationalität bei Tagungen

Immer häufiger sind Tagungen „international" oder werden als „international" angekündigt. Es gibt gute inhaltliche Gründe dafür: Immer mehr Inhalte, auch solche pädagogischer Ausrichtung, sind rein „national" in einem geschlossenen Kulturkreis nicht mehr sinnvoll zu bearbeiten, zu stark sind die internationalen und globalen Verflechtungen. Dies gilt vor allem auch wissenschaftlich: Bezüge zum internationalen Diskurs sind heutzutage unabdingbar, in allen Disziplinen, auch in den Humanwissenschaften (für die Naturwissenschaften gilt dies schon seit Jahrzehnten).

Es kann aber auch andere als inhaltliche Gründe haben, Internationalität zu reklamieren. Tagungen sind nicht selten finanziert oder kofinanziert mit internationalen Geldern, vor allem in Europa. Tagungen unterliegen als Produkte vielfach dem Evaluationskriterium der Internationalität. Der internationale Flair der Tagung gibt ein gutes Image für den Veranstalter. Aus Kooperationsgründen sind die Veranstalter faktisch gezwungen, sich international aufzustellen.

Insbesondere diese „äußerlichen" Gründe, die nicht direkt mit dem Inhalt und dem Ziel der Veranstaltung verbunden sind, legen nahe, nicht nur der scheinbaren Selbstverständlichkeit der Internationalität zu folgen, sondern sich gewissenhaft einer ersten Frage zu stellen: Warum soll die Tagung eine internationale Dimension haben? Wenn die Antwort darauf keinen eindeutigen Mehrwert für Inhalt und Ziel der Tagung ausweist, kann auch darauf verzichtet werden. Es sei denn, Imageziele und Verpflichtungen sind zu stark.

Kommt man jedoch zu dem Schluss, dass ein solcher Mehrwert erreichbar ist, dann muss man sich den besonderen Bedingungen der Internationalität auch ernsthaft und konsequent widmen. Falsch oder schlecht eingelöste Internationalität kann zu Verwerfungen und Imageschäden führen – vielleicht nicht im eigenen nationalen Kulturkreis, aber möglicherweise dort, wo man internationale Bezüge herstellt.

Ernsthaft und konsequent heißt: den Aspekt der Internationalität in allen Schritten der Planung und Durchführung der Tagung gleichwertig mit zu bedenken und zu behandeln. Die Schritte selbst verändern sich nicht, aber Modifikationen sind notwendig. Die wichtigsten von ihnen stellen wir hier zusammen:

○ Die Vorbereitung dauert länger und ist zeitaufwendiger.
○ Die Kommunikationswege sind umfangreicher und komplizierter.
○ Die Kompetenzen im Tagungsteam müssen breiter sein (z.B. Sprachen).
○ Die Auswahl der Akteure ist schwieriger, oft fehlen ausreichende Informationen.
○ Die Definition von Themen, Inhalten und Fragen erfordert mehr Diskussionen und evtl. Kompromisse.
○ Das Budget ist umfangreicher zu gestalten (Übersetzungskosten, Reisekosten).
○ Das Tagungsprogramm ist auf Internationalität zu modifizieren.
○ Die Evaluation und das Follow-up sind differenzierter.

Im Grundsatz ist festzustellen: Eine internationale Tagung füllt nur dann diesen Begriff, wenn die internationale Dimension in die Tagung integriert ist. Die Beteiligung von Expertinnen und Experten an der einen oder anderen Stelle macht eine Tagung noch nicht international. Diese Integration muss inhaltlich, prozessual und sozial erfolgen.

Inhaltliche Integration

Die inhaltliche Integration verlangt, dass Inhalt und Thema, Frage und Ziel der Tagung eine internationale Dimension haben. Dies kann auf unterschiedliche Weise der Fall sein. So ist etwa das Thema der Literalität ein internationales Problem, das in anderen Ländern Europas und mehr noch global eine große Rolle spielt; eine Internationalisierung des Inhalts kann hier bedeuten, die Größenordnung des Problems im eigenen und in anderen Ländern zu vergleichen und die Lösungen zu debattieren, die jeweils vorgenommen werden. Ähnliches gilt für alle gemeinsamen Probleme wie gesellschaftliche Alterungsprozesse, Wanderungsbewegungen, Armut, ökologische Fragen und anderes mehr, die auch gemeinsames Handeln ebenso nahelegen wie die Suche nach einer *good practice* – für sie sind internationale Konferenzen der probate Rahmen. Auch Themen, die sich auf Märkte beziehen, fachwissenschaftliche Diskurse oder Innovationsveranstaltungen können solche gemeinsamen Nenner für die Internationalität einer Tagung darstellen.

Inhaltlich macht es einen Unterschied, ob es sich um ein nationales Thema und einen nationalen Diskurs handelt, der auch eine internationale Dimension besitzt, oder ob es von vornherein um eine über- oder international angelegte Debatte geht. Im ersteren Fall kann die Internationalität in einer systematischen Spiegelung der nationalen Situation bestehen, im letzteren fächert sich das Thema direkt als internationales auf. Der didaktische rote Faden verläuft in den beiden Fällen unterschiedlich.

Prozessuale Integration

Prozessuale Integration bedeutet, die internationalen Teilnehmenden im Verlaufe der Tagung am inhaltlichen und sozialen Geschehen voll zu beteiligen. Dabei spielen zunächst die Sprache und die sozial-kommunikativen Aspekte eine große Rolle. Internationale Teilnehmende kommen aus dem Ausland – so banal das klingt, so wichtig ist es, diesen Sachverhalt zu bedenken. Diese Beteiligten kennen die Situation hierzulande üblicherweise wenig, bedürfen zum Verständnis der Debatte nicht nur definierter Begriffe, sondern auch immer wieder eines explizierten Hintergrundwissens meist aus dem sozialen, politischen und historischen Kontext. Dies gilt auch umgekehrt: Übersetzungsleistungen betreffen nicht nur die Sprache, also das Dolmetschen, sondern auch das Verstehen. Es kommt also auch vorher darauf an, dass die dolmetschenden Personen mit diesen Begriffen vertraut gemacht werden.

> Neben den kulturbedingten Divergenzen auf der verbalen und nonverbalen Ebene der Kommunikation kollidieren in der interkulturellen Kommunikation auch unterschiedliche Konventionen der paraverbalen Elemente miteinander. Dazu zählen Sprechtempo, Lautstärke, Prosodie oder Redepausen. Die Regeln, wie z.B. Pausen im Gespräch eingesetzt werden, führen oft zu Irritationen, wenn nicht sogar zu Frustrationen (El Hashash, 2004, S. 47).

BEISPIEL

Chinesen legen gerne Pausen von bis zu 20 Sekunden in ihren Vorträgen ein – das ist ein Zeitraum, der für Europäer als Vortragende kaum auszuhalten ist.

Auch die physische Präsenz wird unterschiedlich wahrgenommen. Der mediterran übliche personale Abstand beim Stehen und Sprechen von ca. 20 bis 30 cm z.B. wird von Nordeuropäern als aufdringlich, der nördliche Abstand von ca. 50 cm bei Südeuropäern als distanziert und unfreundlich empfunden. Essens- und Kaffeepausen werden möglicherweise unterschiedlich definiert, Wortmeldungen und Mediennutzung anders gesetzt. Das alles ist kein Problem, wenn es bei der Veranstaltungsplanung bedacht wird: Wie werden die kommunikativen Räume gestaltet, welche Regeln hinterfragt oder transparent formuliert?

Ganz wichtig ist es, Zeiten der Tagung anders zu dimensionieren. Zeiten zum Austausch außerhalb des organisierten Geschehens sind zu verlängern und nach Möglichkeit zu gestalten, um die sozialen Kontakte zu unterstützen. Gelegentlich brauchen die ausländischen Teilnehmenden auch eine gesonderte Unterstützung und Betreuung während der Tagung. Bei Vorstellungen sind Institutionen und Funktionen ausführlicher zu benennen, vielleicht auch zu erklären.

Menschen aus anderen Kulturkreisen haben meist auch ein anderes Verständnis von „Feedback", von kritischer (im positiven wie im negativen Sinne) Auseinandersetzung. Dies ist insbesondere in moderierten Einheiten der Tagung zu bedenken, in denen Feedback in Deutschland die Regel ist (oder sein sollte).

WICHTIG

Missverständnisse vermeiden

In internationalen Kontexten kann es in folgenden Situationen zu Missverständnissen kommen.

- verspätetes oder allzu frühes Erscheinen (z.B. bei den Workshops),
- Hinausgehen während der Veranstaltung,
- zu enge oder zu reservierte menschliche Beziehungen,
- zu aufdringliches oder zu zurückhaltendes Verhalten (physischer Kontakt),
- zu lautes oder zu leises Sprechen,
- gegenseitiges Unterbrechen oder Schweigen
  (Piegat-Kaczmarczyk, 2007, S. 85)

Eine besondere Rolle spielt immer das Übersetzen. Manchmal scheint es kaum nötig, denn die *lingua franca*, das Englische, wird mittlerweile von zwei Dritteln des akademischen Publikums in den europäischen Ländern verstanden und gesprochen. Aber: Es sind nicht alle. Auch wird in der Regel der Gebrauch der Muttersprache bevorzugt – wenn auch mit kulturbedingten Unterschieden: Franzosen etwa neigen dazu, kein Englisch zu sprechen, auch wenn sie es beherrschen, Deutsche hingegen neigen dazu, das Englische zu benutzen, auch wenn sie deutsch sprechen könnten. Daher: Im Zweifelsfall ist eine Übersetzung sicherzustellen.

Dabei gibt es folgende gestufte Möglichkeiten:

- *im Plenum:*
  Hier ist die Übersetzung zu gewährleisten, nach Möglichkeit simultan, da sonst die doppelte Zeit benötigt wird. Bei nur wenigen internationalen Teilnehmenden lassen sich, bei geeigneter Sitzordnung, auch nicht-mediale Übersetzungen realisieren, welche dann jedoch – bei Wortbeiträgen der Ausländer – eine konsekutive Übersetzung erfordern.
- *in Arbeitsgruppen:*
  Simultanübersetzung in Arbeitsgruppen ist meist zu aufwendig, schon allein von der Zahl der Dolmetscher her, problematisiert auch den Charakter der Arbeitsgruppen als diskursiver Sozialform. Denkbar sind hier einsprachige Gruppen zu den gleichen Themen – etwa eine deutsch, eine polnisch und eine englisch sprechende Arbeitsgruppe (bei einer entsprechenden Tagung im deutsch-polnischen Grenzraum)

o   *in den sozialen Phasen:*
    Hier lassen sich keine Übersetzungen systematisch organisieren. Hier ist es Auf-
    gabe der Tagungsleitung, die mehrsprachigen Teilnehmenden zu motivieren, in der
    sozialen Interaktion sprachliche Unterstützung zu leisten.

o   *bei Fragen der Tagungsorganisation:*
    Im Tagungsbüro etc. sind entsprechende Sprachkompetenzen anzusiedeln, orga-
    nisatorische Hinweise (wie Raumverteilung, Zeitenregelungen etc.) sind immer in
    allen vertretenen Sprachen zu geben.

WICHTIG

Sensible Situationen

Bei den sensiblen Aktivitäten der Moderation, vor allem in den Workshops und den Arbeitsgruppen, ist es die
Aufgabe der Moderierenden, folgende Aspekte zu berücksichtigen. Die Moderierenden sollten auf diese Erfordernisse hin im Vorfeld eingestellt werden.

o   Verschiedenheit der Anwesenden respektieren,

o   Wertunterschiede wahrnehmen und akzeptieren,

o   Unsicherheiten und Zweideutigkeiten klären,

o   Verhalten als Ausdruck der jeweiligen kulturellen Hintergründe verstehen,

o   Verschiedenheit von Handlungsalternativen akzeptieren,

o   Unterschiede in der Wahrnehmung und der Interaktion berücksichtigen,

o   Vorurteile vermeiden und Toleranz praktizieren,

o   sprachunabhängige Kommunikationsformen berücksichtigen

    (Piegat-Kaczmarczyk, 2007, S. 86f.)

In Bezug auf die Einplanung der Sprachenvielfalt empfiehlt es sich, vor Beginn der Tagung eine Übersicht über die gesprochenen Sprachen zu haben, um entsprechend für nö-
tige Aktivitäten gerüstet zu sein. Dabei ist weniger an eine regelrechte „Abfrage" bei den
Teilnehmenden zu denken als vielmehr an eine Sondierung im Verlauf der Einladung.

Soziale Integration

Ist die prozessuale Integration gelungen, bedarf es in Bezug auf die soziale Integration
kaum mehr weiterer Schritte – die Teilnehmenden regeln das dann unter sich. Dennoch
ist es angebracht für die Veranstalter, das soziale Gefüge regelmäßig zu überprüfen und
bei Bedarf Unterstützung zu geben. Es macht wenig Sinn, einzelne ausländische Teilnehmende als „Außenseiter" oder „Fremdkörper" in der Tagung zu belassen. Hier liegt eine
besondere Aufgabe des Tagungsteams, aus der sich auch eine weitere Kompetenzanfor-
derung ergibt: Handelt es sich um eine internationale Tagung, müssen im Tagungsteam
entsprechende sprachliche und interkulturelle Kompetenzen vorhanden sein.

3. Die Tagung als Weg

Zu Tagungen muss man sich auf den Weg machen, im physischen, sozialen und inhaltlichen Sinne. Es erfordert einige Gedanken und Entscheidungen, ob man an einer Tagung teilnehmen will. Das Tagungsthema ist zu prüfen, die Kompetenz des Veranstalters auch. Zu prüfen sind das Programm und die Frage, ob man dort auf Experten und Expertinnen trifft, die interessant sind oder einen zusätzlichen Wert versprechen.

Zu Hause muss man klären, ob über die Tage der Abwesenheit der Nachwuchs versorgt und betreut ist, keine größeren Angelegenheiten anfallen und für die Rückkehr alles geregelt ist (z.B. im Kühlschrank). Beim Arbeitgeber muss man klären, ob die Abwesenheit akzeptiert oder gar gewünscht ist, ob die Tagungsteilnahme unterstützt wird (mit Freistellung oder Zuschüssen), ob Interesse am Einbringen von Tagungsergebnissen besteht. Hinsichtlich des Geldbeutels muss man klären, ob der Tagungsbeitrag und die mit der Teilnahme verbundenen Kosten (Reise, Unterkunft, Verpflegung) zu leisten sind und in einem angemessenen Verhältnis zum zu erwartenden Output der Tagung stehen. Bezüglich der Anreise und Unterkunft muss man, wenn dies nicht der Veranstalter in die Hand genommen hat, Zeiten, Modalitäten und Preise klären, um für alles gewappnet zu sein. Den Koffer muss man in der Regel auch packen (Welche Kleiderordnung gilt?), man darf die Materialien (Bücher) nicht vergessen, und der Laptop gehört heutzutage ohnehin zum Standardgepäck. Und schließlich lohnt es sich zu klären, ob man auf dem Weg zur Tagung oder dort noch etwas erledigen will, vielleicht ein wenig Freizeit dranhängen oder Ähnliches. Ist dies alles geklärt, kann die Reise beginnen.

Im Folgenden wird all dies aus der Sicht des Veranstalters bedacht – wofür ist er verantwortlich, was kann er getrost in der Hand der Teilnehmenden belassen?

3.1 Wie kommt man hin, wo is(s)t man? Zu Logistik und Organisation

Eine Tagung erfordert eine Menge Vorbereitung und Planung um die eigentliche Veranstaltung herum. Teilnehmende müssen anreisen und übernachten, sich verpflegen können und/oder verpflegt werden. Je nach Art und Dauer der Veranstaltung gilt es außerdem, ein Veranstaltungsangebot als begleitendes Sozialprogramm zusammenzustellen und anzubieten.

Anreise und Transport

Je nachdem, wo Ihre Tagung stattfindet, können die Teilnehmenden ihre Anreise alleine bewältigen (Kongresshotel in Großstadt mit Flughafen und Bahnhof) oder brauchen ggf. Ihre Unterstützung (kleines Tagungshaus auf dem Land). Sie sollten *immer* mindestens Hinweise zur Anreise auf der Tagungshomepage geben (für die Anreise per PKW und für die Anreise mit ÖPNV). Ist der Veranstaltungsort sehr abgelegen, können Sie überlegen, einen Shuttleservice von und zu einem gut erreichbaren Ort anzubieten.

Je nach Tagungsort empfehlen wir zu prüfen, ob Teilnehmende ein Transportangebot während des Verlaufs einer Tagung benötigen, z.B. um zwischen Tagungsort und Hotels zu pendeln oder im Rahmen des Sozialprogramms.

Übernachtung

Zur Organisation der Übernachtung der Teilnehmenden gibt es prinzipiell zwei Möglichkeiten: in der Tagungseinrichtung selbst oder außerhalb in Hotels und anderen Unterkünften. Dies hängt eng mit der Wahl des Tagungsortes zusammen (→ Kap. 1.3). In jedem Fall sollten Sie die Teilnehmenden bei der Planung ihrer Übernachtung unterstützen, üblich ist das Bereitstellen von Hotelkontingenten (zu vergünstigtem Preis) auf der Tagungshomepage, die dann individuell gebucht werden können. Es empfiehlt sich, eine gewisse Bandbreite an Hotelkategorien anzubieten; die Geschmäcker und auch Budgets der Teilnehmenden oder ihrer entsendenden Institutionen sind unterschiedlich.

Verpflegung

Für die Verpflegung gilt: Schätzen Sie deren Bedeutung nicht zu gering ein. Essen und Trinken sind wichtige Faktoren, die unser Wohlbefinden beeinflussen. Auch Wertschätzung lässt sich hier ausdrücken, nicht durch besonders ausgefallene Speisen, aber z.B. durch besonders frische und ausgesuchte Speisen, die den Organismus möglichst wenig belasten und ermüden. Im englischsprachigen Raum gibt es den Spruch *„happy eating – happy meeting"*. Beobachten Sie sich selbst, wenn Sie an Veranstaltungen teilnehmen: Ein gutes Catering stärkt, hält wach und lädt ein zum Verweilen und Netzwerken während der Pausen.

Meist gestalten Teilnehmende Frühstück und Abendessen individuell, das Mittagessen findet hingegen häufig am Tagungsort statt. Hier müssen Sie entscheiden zwischen einem eventuellen Angebot am Tagungsort und einem externen Caterer. Probieren Sie das Angebot selbst, das Essen sollte nicht zu schwer sein, damit Ihre Teilnehmenden auch nach der großen Pause noch in Schwung zu bringen sind. Lassen Sie sich bei der Mengenplanung beraten. Meistens sind die Portionen, die *für alle Fälle* bestellt werden, zu groß und bleiben übrig, denn nicht alle Teilnehmenden essen wirklich vor Ort.

Sollte es doch ein gemeinsames Abendessen geben als Teil des Sozialprogramms, empfehlen wir, dass sich dieses vom Mittagessen auch durch die Darbietung abhebt.

Mittags eignet sich ein Buffet mit Stehtischen, abends möchten Sie mit Sitzgelegenheiten an langen Tafeln zum Bleiben und Sich-Vernetzen einladen. Vielleicht gibt es auch die Möglichkeit, am Tagungsort an einen anderen Platz zu wechseln, um deutlich zu machen: Jetzt beginnt der Abend.

Bei der Verpflegung der Teilnehmenden *zwischendurch* setzt sich inzwischen ebenfalls der Trend zum gesunden, nicht zu schweren Essen und Trinken durch, weg vom „Kekskoma", das permanent mit Kaffee bekämpft werden muss. Bieten Sie Obst, Gemüsesticks, Dips oder Nüsse an und Wasser (mit und ohne Kohlensäure), Saft darf auch dabei sein, neben Kaffee auch (Kräuter-)Tee. Zufriedene, wache Teilnehmende werden es Ihnen danken.

Für alle Speisen, die angeboten werden, gilt: Berücksichtigen Sie die Bedürfnisse von Vegetariern, Veganern oder Menschen verschiedener Glaubensrichtungen. Das geht am einfachsten, indem Sie alle angebotenen Speisen beschriften, eventuell ergänzt durch Symbole.

WISSENSWERT

„Green Meeting" – die nachhaltige Tagung

Nicht nur, aber auch was das Catering angeht, wird immer mehr über die Nachhaltigkeit auf Veranstaltungen nachgedacht. Hier ein paar Tipps:

o Machen Sie Ihre Tagung als *nachhaltige Tagung* kenntlich.

o Achten Sie wenn möglich auf regionale und saisonale Speisen. Es gibt spezielle Caterer in diesem Bereich.

o Lassen Sie sich bei der Mengenplanung vom Caterer beraten.

o Was geschieht mit dem Essen, das übrigbleibt? Kann es irgendwo abgegeben werden? Oft haben Caterer hier eine Idee und entsprechende Kontakte. Besprechen Sie, dass nicht alles immer aufgetischt, sondern eher nachgelegt wird. Was einmal angeboten wurde, kann z.B. nicht mehr an Organisationen wie *Die Tafeln e.V.* gegeben werden *(www.tafel.de)*.

o Bieten Sie Getränke in Mehrwegflaschen an (Glas).

o Vermeiden Sie Einmalgeschirr.

o Zusätzliche Namensschilder eignen sich, um Tassen oder Gläser zu markieren, falls Teilnehmende längere Zeit im gleichen Raum verbringen (für weniger Wasserverbrauch beim Spülen).

Sozialprogramm

Das Sozialprogramm für die Teilnehmenden gilt es zu organisieren, mindestens Hinweise zu geben, was vor Ort gemacht werden kann. Dies beginnt bei Hinweisen auf das lokale Angebot auf der Tagungshomepage und endet bei einem gemeinsamen (Bus-)Ausflug der Gruppe. Innerhalb dieses Spektrums ist vieles denkbar – es ist auch von der Zahl der Teilnehmenden abhängig.

Überlegen sie, was Sie anbieten können: Was ist am Tagungsort das touristische Highlight? Was das Besondere, das selbst Einheimische vorher nicht kannten? Überlegen Sie außerdem: Wie wichtig ist Ihnen eine Vernetzung *der* Teilnehmenden, wie wichtig ist Ihnen eine Vernetzung *mit* Teilnehmenden?

Wir schätzen den informellen Austausch bei Veranstaltungen als zentral ein (→ Kap. 3.7), hier werden wichtige Absprachen getroffen und weitergedacht, hier entstehen tragfähige Allianzen. Finden Sie heraus, was für *Ihre* Teilnehmenden das Richtige ist: ein gestaltetes Abendprogramm oder ein lockerer Rahmen zum Austausch. Es ist üblich, besonders bei internationalen Tagungen, schon am Vorabend ein Angebot für die schon Angereisten zu machen, z.B. ein gemeinsames Abendessen im Kreise der Veranstalter, der wichtigen Stakeholder, Moderierenden und Vortragenden.

3.2   Was ist vorher zu tun? Die Teilnehmenden

Die Anmeldung der Teilnehmenden erfolgt im Voraus, nachdem die Einladung versendet wurde; hier könnte auch schon die Anmeldung zu einzelnen Workshops etc. erfolgen, so dass die Begrüßung im Tagungsbüro flüssiger vonstattengeht, außerdem die Anmeldung zum Sozialprogramm. Unterlagen, die Teilnehmende bekommen sollen, wie Programm, Kurzbeschreibungen zu Workshops etc. können Sie diesen schon vorab zur Verfügung stellen (z.B. virtuell auf der Tagungshomepage, Verweis darauf per E-Mail). Die Information, wo sich die Anmeldung zur Tagung befindet, muss sehr klar sein; hier lohnt sich eine übersichtliche E-Mail mit aktuellem Lageplan ein paar Tage vor dem Ereignis. Und denken Sie an die Regelung der Entgelte noch vor der Anreise!

3.3   Was tun vor Ort? Das Tagungsbüro

Das Tagungsbüro ist die organisatorische Schaltstelle der Tagung während ihres Verlaufs. Hier findet der Erstkontakt der Teilnehmenden zur Tagung statt: die Begrüßung und die Aushändigung der Tagungsunterlagen. Seien Sie gut vorbereitet für diesen Moment und rechnen Sie damit, dass viele Teilnehmende zum gleichen Zeitpunkt ankommen. Auch dann noch sollte das Tagungsbüro gut organisiert sein und die Anmeldung relativ rasch erfolgen können. Halten Sie also genug helfende Hände bereit, die auf diese Aufgabe vorbereitet wurden: Sie haben den *spirit* der Veranstaltung inkorporiert, sind ausreichend über das Gesamt der Veranstaltung informiert und in Ihrem Bereich gut organisiert. Sortieren Sie die Unterlagen vorher gründlich (am besten alphabetisch). Bei großen Tagungen bietet es sich an, die Teilnehmenden sofort nach Anfangsbuchsta-

ben des Nachnamens an verschiedene Tische zu locken. Dies entzerrt den Ablauf, zeitlich wie räumlich. Neuankommende Teilnehmende sollten freundlich begrüßt werden, notwendige Unterlagen bekommen und einen ersten organisatorischen Hinweis wie „Es gibt zunächst ein Begrüßungsgetränk in der großen Halle (dort entlang), von da geht es dann später in den ersten Raum."

TIPP

Schilder aufstellen

Achten Sie darauf: Findet man von jedem Raum in jeden anderen Raum? Stellen Sie, wenn erforderlich bzw. sinnvoll, Lotsen für den Wechsel zwischen schwer zu findenden Räumen zur Verfügung.

Es sollten alle Workshop- und Plenumsräume vom Tagungsbüro aus (und dem Cateringbereich) ausgeschildert sein. Vergessen Sie nicht, auch die Wege zu den Toiletten auszuschildern.

Im Tagungsbüro finden Teilnehmende Ansprechpartner für alle organisatorischen Fragen und Unterstützungsbedarfe während der Tagung, außerdem räumliche Orientierung für den Tagungsort (→ Checkliste 13). Dies gilt ebenso für externe Partner wie Presse oder Caterer. Das Tagungsbüro sollte auf übliche Anfragen vorbereitet sein und, wo es sich anbietet, Material bereithalten. Außerdem dient das Tagungsbüro als Anlaufstelle für interne Beteiligte bei allen Fragen oder Supportbedarf.

CHECKLISTE 13

Das Tagungsbüro

Zur Ausstattung eines gut eingerichteten Tagungsbüros gehören folgende Dinge.

- [ ] Annahme von Postern und Präsentationen
- [ ] Materialausgabe für Tagungsunterlagen
- [ ] Ersatzmaterial aus Tagungsunterlagen (z.B. Programm)
- [ ] zusätzliches optionales Material (z.B. Informationen zu Restaurants oder Stadtplan)
- [ ] gut sichtbarer Aushang mit Anmeldelisten für Workshops mit Raumangaben hierzu
- [ ] Gebäudeplan
- [ ] Garderobe oder Hinweis darauf
- [ ] Gepäckaufbewahrung oder Hinweis darauf
- [ ] Ladestation für Smartphones, Laptops, Tablets
- [ ] Laptop-Platz für Notfälle
- [ ] Drucker, an dem Teilnehmende Bahn- oder Flugtickets o.Ä. ausdrucken können
- [ ] gut sichtbarer Aushang eines QR-Codes, mit dem man direkt auf die virtuellen Tagungsunterlagen gelangt
- [ ] Büchertisch mit Literatur zum Tagungsthema

3.4   Was legen wir rein? Die Tagungsunterlagen

Im Interesse einer *nachhaltigen* Tagung überlegen Sie vorab: Was geben Sie allen Teilnehmenden mit? Was legen Sie nur optional aus?

CHECKLISTE 14

Tagungsunterlagen

Folgende Dinge gehören zu den Tagungsunterlagen.

- [ ] Tagungsprogramm inkl. Kurzbeschreibungen der Workshops und Informationen zu Moderierenden und Vortragenden (mit Foto), falls vorhanden, kurze Angaben zu ausgestellten Postern (am besten alles zusammengebunden!)
- [ ] Informationen zum Sozialprogramm
- [ ] Teilnahmebestätigung und Quittung über das Teilnahmeentgelt
- [ ] Teilnahmeliste (Achtung: Aus Datenschutzgründen empfehlen wir, schon im Anmeldeformular anzugeben, welche Daten veröffentlicht werden. Wenn Sie mögen, geben Sie eine Aufforderung zur Teilnehmerliste; z.B. „Notieren Sie: Mit wem möchte ich mich vernetzen?")
- [ ] Schreibunterlagen, z.B. Papier und Bleistift (es muss nicht immer viel Papier sein)
- [ ] Hinweise zu einschlägigen Neuerscheinungen

☐ Stadtplan, U-Bahn-Plan etc.

☐ Hinweise zu touristischen Aktivitäten (Museen, Wanderungen etc.)

☐ Evaluationsbogen

☐ Namensschilder für alle Tage (z.B. Stoffklebeschilder)

☐ WLAN-Zugang mit Passwort

☐ Aufmerksamkeiten, wie z.B. Nervennahrung (kleiner Beutel mit Studentenfutter o.Ä.) oder Knetbälle

☐ weiteres Material, das benötigt wird, z.B. Moderationskarten für eine Abstimmung im Plenum

Vielleicht legen Sie auch einen Hinweis zu den Unterlagen: „Was Sie nicht benötigen, nehmen wir gerne im Tagungsbüro zurück oder lassen Sie es einfach vor der Pause auf den Tischen liegen." Übrigens, ein passendes Geschenk ist ein hübscher Stoffbeutel zur Tagung, der die Unterlagen fasst.

TIPP

Namensschilder als Gruppeneinteilung

Brauchen Sie im Laufe der Tagung verschiedene Gruppen, ist es eine einfache Art, diese über eine Markierung auf den Namensschildern (Badges) einzuteilen (z.B. verschiedene Farben der Umrandung oder grafische Symbole in einer Ecke). Es empfiehlt sich aber, dies für alle Anwesenden transparent zu machen.

3.5 Wie fangen wir an? Die Eröffnung

Die Eröffnung bildet den Startschuss für die Veranstaltung. Hier kommen alle zusammen und starten in die gemeinsame (Lern-)Zeit. Zu Beginn machen Sie deutlich: So gehen wir miteinander um, das dürfen die Teilnehmenden erwarten. Der Anfang ist ein Modell für alles, was folgt. Heißen Sie darum die Teilnehmenden herzlich willkommen und laden Sie sie ein, die Veranstaltung mit Ihnen gemeinsam zu gestalten. Geben Sie einen prägnanten Einstig ins Thema (Kap. 2.5), machen Sie den Rahmen deutlich (→ Kap. 2.3) und kommunizieren Sie die Formen, in denen gemeinsam gearbeitet und gelernt wird (→ Kap. 2.4).

TIPP

Mal in der Gruppe anfangen

Üblicherweise beginnt eine Tagung erstens im Plenum und zweitens mit Begrüßung, Keynote, Vortrag. Brechen Sie dies doch einmal auf und beginnen Sie mit Kurz-Impulsen in Arbeitsgruppen, z.B. zu Kernthemen der weiteren Tagung. So machen Sie deutlich: Hier geht es um das Miteinander-Lernen. Danach können die offiziellen Anfangsrituale folgen.

Am Anfang steht eine Reihe von – meist unausgesprochenen – Fragen und Erwartungen im Raum. Diese beschäftigen Veranstalter und Teilnehmende. Man spricht vom „Eisberg zu Veranstaltungsbeginn" (→ Abb. 8).

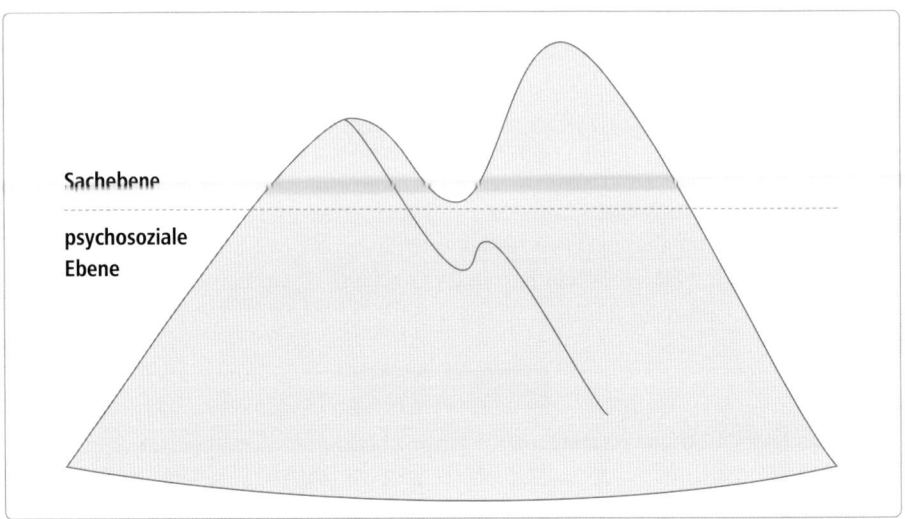

Abbildung 8: Der Eisberg zu Veranstaltungsbeginn

Wie bei einem Eisberg ist der geringste Teil offensichtlich. Auf der Sachebene stellt sich v.a. die Frage nach den Inhalten der Tagung. Darunter aber verbirgt sich eine Reihe von Fragen, Erwartungen, vielleicht auch Ängsten, die den Teilnehmenden nur zum Teil bewusst sind: Wen kenne ich? Treffe ich auch unliebsame Bekannte? Was wird von mir erwartet? Muss ich etwas beitragen? Habe ich genug Zeit, Tagungsinhalte für mich zu reflektieren? Werde ich hier etwas lernen? Ist das alles nur Zeitverschwendung?

Ähnliche Fragen bewegen auch die Organisatoren einer Veranstaltung. Außerdem sind noch eine ganze Menge Themen im Raum, die gar nicht zur Tagung gehören: unerledigte Aufgaben, Erlebnisse auf der Arbeit, Persönliches.

Geben Sie den Teilnehmenden die Möglichkeit, in die Tagung einzutauchen und gestalten Sie den Anfang bewusst! Langmaack und Braune-Krickau (2010) sprechen von „Stressgepäck", das zu Beginn abgelegt werden muss.

Eine gute Weise, mit dem Eisberg zu Veranstaltungsbeginn umzugehen, ist, die Dinge auf die eine oder andere Weise zu thematisieren. Im Folgenden finden Sie eine Checkliste zu den Funktionen der Anfangssituation und Beispiele, damit umzugehen.

CHECKLISTE 15

Neun Funktionen der Anfangssituation

Überlegen Sie vorab, wie Sie die Anfangssituation gestalten.

- ☐ Veranstalter und Teilnehmende kennenlernen (z.B. Aufstehfragen, → Kap. 2.5)
- ☐ Vorkenntnisse sichtbar machen (z.B. Aufstehfragen, → Kap. 2.5)
- ☐ positives Lernklima schaffen (z.B. viel Platz für Austausch lassen)
- ☐ Erwartungen klären (z.B. Überblick über die Tagung geben)
- ☐ Regeln bekanntmachen (z.B. Pausenzeiten erwähnen)
- ☐ Interesse wecken (z.B. thematische Highlights herausheben)
- ☐ ins Thema einführen (z.B. praktische Relevanzen schon zu Beginn verdeutlichen)
- ☐ auf den gemeinsamen Weg blicken (z.B. Ziele nennen)
- ☐ Sozialformen vorstellen (z.B. Lernformate vorstellen)

Es gilt die Regel: Was Sie nicht (explizit) ansprechen, übernehmen die Teilnehmenden, z.B. durch viele, nicht sehr günstig platzierte Zwischenfragen („Gibt es eine Tagungsdokumentation?").

📖 Lektüreempfehlung

- ○ Geißler, K. A. (2005): *Anfangssituationen. Was man tun und besser lassen sollte* (10. Aufl.). Weinheim u.a.: Beltz.

3.6 Und, wie läuft's? Die Arbeitsphasen

Die Arbeitsphasen sind der Kern jeder Tagung. Sie verlaufen entweder im Plenum oder in Arbeitsgruppen (→ Kap. 2.4). Wichtig für die Arbeitsphasen ist, dass der Zeitplan funktioniert, diese also pünktlich beginnen und enden. Planen Sie hierzu im Programm unsichtbare Puffer ein und kommunizieren Sie diese unter den Moderierenden.

Für einen funktionierenden Zeitplan ist ebenso wichtig, dass Umbauten etc. reibungslos verlaufen. Wir empfehlen, für jeden Raum einen Raumbetreuer zu bestimmen, der Umbauten vornimmt sowie Material bereithält und falls notwendig auffüllt. Raumbetreuer sind dafür verantwortlich, dass jede Arbeitsphase mit einem frischen Raum beginnt (gelüftet, alles aufgeräumt, Material und Medien vorhanden, gewünschte Verpflegung vor Ort, mindestens Wasser für Moderierende und Vortragende).

Besprechen Sie hierzu vorab alles Wichtige mit Moderierenden und Vortragenden: Was wird benötigt? Welche Medien, welches Material? Welche Raumanordnung wird gewünscht? Wird ein Mikrofon benötigt? Was kann schon auf die Plätze der Teilnehmenden gelegt werden?

Die Raumbetreuer nehmen auch die Umbestuhlung der Räume vor – je nachdem, was für die folgende Einheit gewünscht wird. Hier gibt es „Klassiker" der Bestuhlung, die je nach Kontext sinnvoll eingesetzt werden (Nuissl & Siebert, 2013, S. 110f.)

Raumbetreuer befinden sich während der Arbeitsphasen im jeweiligen Raum und können so schnell reagieren, falls etwas benötigt wird oder es eine technische Panne gibt (z.B. Schwierigkeiten beim Anschließen des Beamers). Wir empfehlen zusätzlich das Bereithalten eines versierten Technikernotdienstes im Hintergrund für größere Pannen.

TIPP

Danke sagen

Überlegen Sie, wem Sie ein kleines Dankeschön-Präsent überreichen wollen und wann der richtige Zeitpunkt hierfür ist. Eine große Zeremonie am Schluss ist schön, vielleicht ist der eine oder die andere aber dann schon nicht mehr dabei. Aufmerksamkeiten für Vortragende können auch schon durch Moderierende von Arbeitsgruppen in anschließenden Pausen übergeben werden. Hauptsache ist, Sie zeigen Ihre Wertschätzung für den Beitrag.

Die klassische Schul-Sitzordnung

Vorteile:
- Für Vorträge gut geeignet.

Nachteile:
- Teilnehmende sind in der Regel passiver.
- Gespräche laufen v.a. zwischen einzelnen und dem Moderierenden ab.
- Erwachsene verhalten sich „wie Schüler".

Quadrat

Vorteile:
- Es braucht wenig Planung.
- Diese einfache Sitzordnung kann als Aktion mit den Teilnehmenden durchgeführt werden.
- Der Moderierende oder Vortragende hat keinen exklusiven Platz.

Nachteile:
- Nicht alle Teilnehmenden können sich sehen.

U-Form oder Hufeisen

Vorteile:
- Günstig für Vorträge.
- Gute Sichtverbindung der Vortragenden/Moderierenden zu den Teilnehmenden.
- Bekannte Sitzordnung (Versammlung, Feste).

Nachteile:
- Diese Sitzordnung braucht viel Platz; werden auch die Innenseiten bestuhlt, können sich viele Teilnehmende nicht mehr sehen.
- Große Distanz zwischen den Teilnehmenden.

Gruppenbestuhlung

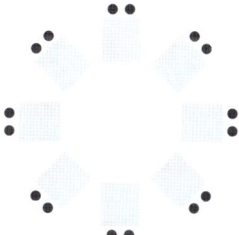

Vorteile:
- Diese Sitzordnung eignet sich ausgezeichnet für Gruppenarbeiten.
- Dadurch, dass sich alle Teilnehmenden sehen können, werden sie auch weniger abgelenkt.

Nachteile:
- Diese Sitzordnung braucht viel Platz; bei vielen Teilnehmenden wird der Platz schnell zu eng.

Sternsitzordnung

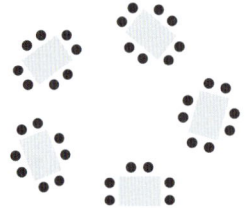

Doppelkreis

Vorteile:
- o Ausgezeichnet für Gruppenarbeiten.
- o Aktive Sitzordnung.

Nachteile:
- o Bei vielen Teilnehmenden reicht der Platz nicht aus.
- o Teilnehmende sitzen relativ weit auseinander.

Vorteile:
- o Sehr viele Teilnehmende haben Platz.
- o Aufgelockerte Sitzordnung, die gesprächsanregend wirkt.

Nachteile:
- o Nicht alle Anwesenden können sich sehen.
- o Der äußere Kreis wird vielfach bevorzugt.

Kreis, ohne Tische

Gruppentische im Plenum

Vorteile:
- o Tische als Barrieren fallen weg.
- o Viele Teilnehmende haben Platz.
- o Diese Sitzordnung fördert die Gesprächsatmosphäre.

Nachteile:
- o Nicht alle Teilnehmenden sind gewohnt, so frei im Raum zu sitzen. In Anfangssituationen fühlen sich viele Erwachsene in dieser Anordnung nicht so wohl; die Schutz bietenden Bänke fallen weg.

Vorteile:
- o Diese Sitzordnung eignet sich ausgezeichnet für den Wechsel zwischen Arbeit im Plenum und Arbeit in Kleingruppen, ohne dass die Sitzordnung umgestellt werden muss.
- o Die Kleingruppen bleiben auch im Plenum bestehen.

Nachteile:
- o Nicht alle Anwesenden können sich sehen.
- o Diese Sitzordnung braucht viel Platz.

Abbildung 9: Sitzordnungen (in Anlehnung an Nuissl & Siebert, 2013, S. 110f.)

3.7 Das „Eigentliche" der Tagung? Die Pausen und Abende

Jede Tagung hat nicht-organisierte Freiräume – Zeiträume, in denen nichts „Offizielles" stattfindet. Dass diese Zeiten aber genau so wichtig sind, ist unübersehbar. In Veranstaltungen der Erwachsenenbildung wird nicht selten vermutet, dass dort der „eigentliche" Lernprozess stattfindet, nämlich in der Reflexion und Praxisprüfung des gehörten Theoretischen – nicht zu Unrecht, wie schon vor Jahrzehnten empirische Studien belegten (Kejcz et al., 1979ff.).

Der Gedanke, Pausen und Abende „halboffiziell" zu füllen, um diese Zeit für Inhalt und Lernziel der Tagung zu nutzen, liegt nahe. Letztlich geht es um die Frage, wie Pausen und Abende gestaltet werden können, ohne dass dies zum „offiziellen" Programm der Tagung gehört. Eine solche Vorsicht ist auch angeraten, schließlich benötigen alle Menschen Pausen, und in vielen Fällen sind die angeregten Gespräche in diesen Zeiträumen auch erholsam. Den Ideen für eine solche Gestaltung sind keine Grenzen gesetzt.

BEISPIEL

Pause gestalten

○ *Gemeinsam lachen*
Laden Sie eine kompetente Person hierzu ein und bieten Sie in einer Pause „Lachyoga" an. Was zunächst einmal verrückt anmuten mag, macht Spaß, wach und bringt Anknüpfungspunkte zum Vernetzen.

○ *Relaxed lesen*
Richten Sie eine gemütliche Bücherecke mit Veröffentlichungen zum Tagungsthema ein und gestalten Sie diese zum Pause-Verbringen mit Sitzsäcken, Stühlen, Tischen etc.

○ *Tagung reflektieren*
Stellen Sie alles in der Tagung Erreichte und auf Flipcharts und Postern Dargestellte aus zum (nochmaligen) Betrachten und Besprechen.

○ *Bewegung statt Sitzen*
Denken Sie an die körperliche Verfassheit der Teilnehmenden und bieten Sie eine Übung an, Yoga oder Gymnastik.

○ *Ideenspeicher*
Stellen Sie einen Ideenspeicher auf (den sollten Sie übrigens sowieso ab Beginn der Tagung haben) und ermöglichen Sie, dass man dort (auch anonym) hineinschreiben kann.

○ *Interkulturelles Meeting*
Bieten Sie paar- oder gruppenweise Gesprächskreise zu interkulturellen Themen an; das ist geradezu ein Muss bei internationalen Veranstaltungen.

   o *Abendplanung*
Bieten Sie die Möglichkeit, gruppenweise oder insgesamt über eine Gestaltung des Abends zu sprechen, bieten Sie Möglichkeiten der gemeinsamen Abendgestaltung an.

   o *Nachfragen*
Bitten Sie Ihre Referenten und Referentinnen, sich an einer bestimmten Stelle explizit für Nachfragen zur Verfügung zu stellen.

Bedenken Sie aber, dass Pausen der Freiraum für die Menschen sind, alle Ideen der Gestaltung darum nur Vorschläge sein dürfen. Allerdings sind solche Vorschläge auch dann besonders sinnvoll, wenn sich viele Teilnehmende noch nicht untereinander kennen und Anknüpfungspunkte suchen, um sich kennenzulernen – außerhalb des offiziellen Programms. Ein Grundbedürfnis ist es, in einem neuen sozialen Rahmen immer auch sozial wahrgenommen und anerkannt zu sein – das muss ermöglicht und unterstützt werden.

Bei allen Maßnahmen zur Gestaltung der Tagung, nicht nur im offiziellen Programm, sind die Bedürfnisse der Teilnehmenden zu bedenken, die ganz allgemein benannt werden können (→ Checkliste 16).

CHECKLISTE 16

Bedürfnisse

Reflektieren Sie die Bedürfnisse aller Teilnehmenden.

o Was ist Ziel der Tagung, aus welchen Gründen sind die Teilnehmenden anwesend?
o Wer sind die Teilnehmenden, kennen sie sich untereinander?
o Woran sind sie gewöhnt, was sind ihre konkreten Gewohnheiten?
o Welche Erwartungen haben sie an die Tagung und an die Freizeit?
o Was können sie sich (vor allem finanziell) leisten?
o Sind sie müde (Reise, Tagungsprogramm etc.) oder ausgeruht?
o Welche Sprachen werden gesprochen (internationale Tagungen!)?
o Welche besonderen Sehenswürdigkeiten und Veranstaltungen gibt es in der Umgebung?
o Wie mobil sind die Teilnehmenden (PKW etc.)?

Neben den Pausen sind es vor allem die Abende, die ein wichtiger Freiraum sind. Hier sind Kulturprogramme denkbar, Gruppen- und Einzelaktivitäten. Oft wollen Teilnehmende abends auch alleine sein oder in Kleingruppen – daher sollte auch bei den Abendprogrammen kein zu hohes Maß an Verbindlichkeit erzeugt werden. Andererseits sind Abendprogramme sinnvoll, um die nicht-vernetzten Teilnehmenden „mitzunehmen", sie einzubeziehen. Gerade bei den längeren Abenden finden Vernetzungen statt, entstehen engere Beziehungen als in den Smalltalks der Pausen. Gemeinsame Abendveranstaltungen sind vor allem in internationalen Veranstaltungen ein „Muss" für das Zueinanderfinden der Teilnehmenden *(coming together)*.

Zwischen dem offiziellen Tagungsprogramm und einem organisierten Abend muss unbedingt ein Mindestabstand an Zeit bestehen – für persönliche Dinge (z.B. Telefonate), zum Ausruhen, zur Erfrischung. Eine Stunde „netto" ist das Minimum; netto bedeutet: Abzüglich aller Wege muss mindestens eine Stunde übrigbleiben. Dabei ist auch ein Zeitpuffer zu bedenken, falls die letzte Phase der Tagung länger als geplant dauert.

Abend und Nacht sind Privatsache. Da man es mit erwachsenen Menschen zu tun hat, sind auch die Bedingungen entsprechend zu gestalten: Der Zugang zur Unterkunft muss jederzeit möglich sein, nach einem organisierten Abendprogramm muss individuell oder gruppenweise die Möglichkeit eines weiteren Beisammenseins gegeben sein.

TIPP

Der Beginn am Morgen sollte nicht lässig gehandhabt werden, pünktlicher Beginn ist angesagt. Aber man sollte einen vertretbaren Einstieg in den Tag schaffen, etwa eine kleine gymnastische Übung, ein lockeres Rundgespräch oder Ähnliches.

3.8   Wie hören wir auf? Der Abschluss der Tagung

Zum Abschluss einer Tagung herrscht ein gewisser Abschiedsschmerz unter den Beteiligten. Das ist wie bei längeren Seminaren der Erwachsenenbildung. Genauso, wie die Beteiligten zunächst in die Tagung hineinfinden mussten, müssen sie nun wieder hinausfinden. Der Schluss ist wie der Anfang emotional aufgeladen, Kontakte lösen sich auf. Häufig schäumen Teilnehmende auch förmlich über vor Ideen. Es ist eine gute Sache, kurz vor Schluss noch einmal Raum zu geben, diese Ideen systematisch zu notieren, ggf. noch Personen anzusprechen, die man bisher verpasst hat und konkrete Ansatzpunkte zu überlegen.

TIPP

Zeit zum Sammeln

Geben Sie den Teilnehmenden kurz vor dem Ende der Tagung noch einmal *Zeit zum Sammeln*. Nachdem alle im Plenum zusammengekommen sind, fordern Sie auf: „Sie haben nun noch einmal 20 Minuten Zeit zum Sammeln. Die einen möchten vielleicht *sich sammeln* und Ideen notieren, strukturieren und erste Schritte planen. Andere haben das Bedürfnis, noch einmal *Kontakte zu sammeln*. Diejenigen sind herzlich eingeladen, sich hinten im Raum zu treffen und kurz auszutauschen. Um 14.45 Uhr treffen wir uns wieder im Plenum zum Tagungsabschluss."

Ein solches Vorgehen ist auch als eigenständiger, vorletzter Programmpunkt in Untergruppen möglich.

Zum Schluss einer Tagung „binden Sie den Sack zu" – organisatorisch, thematisch und sozial. Der Schluss ist nicht nur der Schluss, sondern die Auflösung der zu Beginn entfalteten Problematik, der zu Beginn formulierten Frage. Der Spannungsbogen findet hier seinen Endpunkt.

Sie müssen nicht alles wiederholen und zusammenfassen, was im Verlaufe der Tagung so gesagt und bedacht wurde. Sie müssen darauf eingehen (lassen), was nun das „Outcome" ist, was die Teilnehmenden gelernt haben und wo und wie sie weitermachen möchten. Man kann das auch neutral formulieren: wo, unabhängig von der eigenen möglichen Aktivität, weitergemacht werden sollte.

Der beste Abschluss ist dann möglich, wenn alle Teilnehmenden noch einmal zu einer gemeinsamen Aktivität zusammenkommen. Es muss nicht immer ein Communiqué sein, aber ein Abschlussdokument sei hier empfohlen. Da ein solches in der letzten Stunde der Tagung mit Sicherheit nicht mehr zustande kommt, empfiehlt es sich, am Tag vorher eine kleine Arbeitsgruppe aus den Teilnehmenden zusammenzusetzen, welche einen solchen Abschluss vorbereiten.

Im Folgenden finden Sie eine Checkliste, an welche Funktionen Sie am Schluss denken müssen. Wir laden Sie ein: Gestalten Sie das Ende, statt einfach Schluss zu machen.

CHECKLISTE 17

Neun Funktionen der Schlusssituation

Überlegen Sie, wie Sie den Abschied gestalten. Greifen Sie dabei auf die folgenden Aspekte zurück.

- ☐ den gemeinsamen Weg rekapitulieren (z.B. noch einmal gemeinsam auf den Anfang schauen)
- ☐ Bilanz ziehen (z.B. Ergebnisse präsentieren)
- ☐ Thema abschließen (z.B. inhaltliches Fazit ziehen)
- ☐ Spannungsbogen beenden
- ☐ Wertschätzung ausdrücken (z.B. allen fürs Mitmachen danken)
- ☐ Feedback einholen (z.B. Evaluationsbögen einsammeln)
- ☐ Zusammengehörigkeit auflösen (z.B. Grüße an die Zielorte senden)
- ☐ Organisatorisches ansprechen (z.B. Tagungsdokumentation)
- ☐ Beteiligten danken (z.B. an Helfer denken)
- ☐ Ausblick geben (z.B. Verweis auf Austauschplattform, Anschlussvorhaben)

Lektüreempfehlung

○ Geißler, K. A. (2005). *Schlusssituationen. Die Suche nach dem guten Ende* (4. Aufl.). Weinheim u.a.: Beltz.

4.   War's das? Nach der Tagung

Eine gelungene Veranstaltung würdigt man als Veranstalter und vor allem als Tagungsteam – am besten mit einem Glas Sekt oder entsprechend Nicht-Alkoholischem. Das hat man sich verdient. Eine Veranstaltung ist eine komplexe Angelegenheit, und wenn da ein Rädchen richtig ins andere greift, hat man als „Macher" allen Grund zur Freude.

Wie nach allen anstrengenden, weil die ganze Person fordernden Aktivitäten, ist es dann aber angebracht, sich erst einmal auszuruhen. Das gilt für das Tagungsteam, aber auch für alle Aktiven – die aktiv Teilnehmenden, die engagierten Referentinnen und Referenten. Die Faustregel heißt: Die Hälfte bis ein Drittel der Tagungszeit entspannt man sich – im Wortsinne, wenn man den Spannungsbogen mitgelebt hat.

Aber dann: Was steht, bezogen auf die Tagung, noch an? Man sollte sich nicht gleich in die anderen, liegengebliebenen Arbeiten und Aufgaben stürzen.

4.1   Was ist noch zu tun? Die Nacharbeit

„Nacharbeit" ist kein schönes Wort, es klingt nach Aufräumen und Saubermachen. Das ist nicht damit gemeint – es geht eher darum, als Tagungsteam die gemeinsame Arbeit abzurunden. Sie sollten analysieren, kommunizieren und belohnen. Was dazu gehört, können Sie, als Gesamtverantwortlicher der Tagung, der folgenden Checkliste 18 entnehmen.

CHECKLISTE 18

Nachbereitung

Analysieren Sie ...

☐ ob die Ziele erreicht worden sind

☐ ob das geplante Budget gut kalkuliert war

☐ das Teilnehmerurteil zur Tagung während der Tagung

☐ die Höhen und Tiefen

☐ die aufgetretenen Irritationen und Probleme

☐ die Abstimmung der Beteiligten untereinander

☐ die einzelnen Referentinnen und Referenten und deren Beitrag zum Spannungsbogen

☐ die einzelnen Meinungen und Eindrücke im Tagungsteam

Kommunizieren Sie ...

☐ durch das Abwickeln noch ausstehender Zahlungen

☐ durch das Versenden von Fotos

☐ durch Dankeschön-Schreiben (an Referentinnen und Referenten, Moderierende, Sponsoren, Tagungsstätte etc.)

☐ durch Pressemeldungen und Artikel in Fachzeitschriften

☐ durch Erzählungen in der Veranstalterorganisation

Und belohnen Sie ...

☐ das Personal im Tagungsbüro

☐ das Personal der Veranstaltungsstätte

☐ die Mitglieder des Tagungsteams

☐ und sich selbst
(German Convention Bureau e.V., o.J., S. 34)

Die Nacharbeit ist letztlich vor allem die Reflexion des Geschehens, der befriedigende Abschluss der Tagung für diejenigen, die sie vorbereitet und realisiert haben.

4.2 Was gibt es über die Tagung zu sagen? Der „Bericht"

Berichtet werden muss fast immer, innerhalb der Hierarchie (in Betrieben und Behörden), gegenüber den Mitgliedern (Vereine und Verbände), bei Sponsoren und Geldgebern (Projektgeber, Spender etc.) und gegenüber der Fachöffentlichkeit und der Öffentlichkeit – zur Werbung und zur Legitimation.

Was sollte in einem solchen Bericht stehen? Zunächst ist natürlich die Frage wichtig, wem man berichtet. Dabei geht es um das eigene Interesse (Was will ich mitteilen?) und das vermutete Interesse (Was interessiert?). Manchmal passt das gar nicht zusammen; dann muss man einen Mittelweg finden, der beiden Seiten gerecht wird.

Das Erforderliche ist jedenfalls ein Finanz- und Tätigkeitsbericht – er ist in fast allen Fällen gefragt. Der Nachweis des ausgegebenen Geldes und der geleisteten Arbeit kann auch im eigenen Interesse liegen – als Übersicht und zur Absicherung. Diese Art von Bericht ist schon mit Beginn der Tagungsplanung vorzubereiten: Es sind entsprechende Notizen zu machen und nach Möglichkeit Dokumente zu sammeln. Werden etwa Angebote eingeholt, dann ist es zweckmäßig, alle aufzubewahren, nicht nur dasjenige, für das man sich entschieden hat. Dieser Bericht muss vollständig und stimmig sein, sollte aber zusammengehörige Kosten und Vorgänge aggregieren und nicht minutiös einzeln auflisten.

Neben dieser Pflicht gibt es auch die „Kür", den Bericht über den Inhalt, die erreichten Ziele und den festgestellten Outcome. Hier haben die „Tagungsmacher" eine größere

Freiheit, zu berichten, was ihnen wichtig ist, und dabei zugleich auch die eigene Wertung mitzuteilen. Es ist günstig, diesen Bericht mit Daten zu unterstützen, die während der Veranstaltung erhoben wurden, etwa tägliche oder in den Gruppenarbeiten evaluierte Eindrücke. Im Folgenden stellen wir einige Verfahren für solche Kleinevaluationen vor.

BEISPIEL

Kleinevaluationen

○ *Blitzlichtprotokolle*
Eine Teilnehmergruppe (max. 20 Personen) macht eine schnelle Runde, in der jede und jeder in einem Satz eine Antwort auf eine Frage gibt (z.B. „Was nehmen Sie aus den letzten beiden Stunden mit in Ihre Arbeit?"). Jemand vom Organisationsteam notiert die Antworten.

○ *One-Minute-Paper*
Jeder Teilnehmende schreibt (z.B. am Ende eines Workshops) eine Minute eine Antwort auf eine bestimmte Frage auf (z.B. „Was war heute Ihr Highlight?").

○ *Rote Karte*
Alle Teilnehmenden bekommen mit der Anmeldung eine rote Karte und den Hinweis auf einen „Briefkasten" (z.B. in der Nähe des Tagungsbüros) mit der Bitte, dort die beschriftete rote Karte einzuwerfen, wenn etwas „gar nicht geht". Hierauf müssen Sie als Organisatoren dann ggf. auch noch während der Tagung reagieren.

○ *Grüne Karte*
Alle Teilnehmenden bekommen mit der Anmeldung eine grüne Karte und den Hinweis auf einen „Briefkasten" (z.B. in der Nähe des Tagungsbüros) mit der Bitte, dort die beschriftete grüne Karte einzuwerfen, wenn etwas „besonders gut" war.

○ *Kurzevaluation mithilfe von Audience Response Technology*
Hierzu lesen Sie mehr im folgenden Tipp.

TIPP

Audience Response Technology

Durch den Einsatz neuer Medien bei Tagungen lassen sich Großgruppen auf neue Weisen in das Tagungsgeschehen einbeziehen. Dies ist zum Beispiel möglich durch sogenannte *Audience Response Technology* (ART) oder auch *Classroom Response System* (CRS). Hier bekommen ReferentInnen und Referenten die Möglichkeit, große Gruppen nach ihren Meinungen, ihrem Verständnis, ihrer Erfahrung etc. zu fragen und das Ergebnis *just in time* zu visualisieren (Petz, 2011, S. 19f.). So können z.B. Fragen direkt in einer Power-Point-Präsentation gestellt und das Ergebnis in Form von Säulendiagrammen sichtbar gemacht werden. Das Besondere: Eine anonyme Art der Abstimmung wird so möglich. Nicht einmal der Sitznachbar weiß, was ausgewählt wurde. Es wird also möglich, die offene Meinung der Teilnehmenden einzuholen. Dies ist zu Beginn und am Schluss einer Tagung interessant (etwa: „Warum sind Sie hier?" oder „Zu welchen Bereichen sind noch Fragen offen?" und dann jeweils passende Antwortmöglichkeiten). Sie können solche Systeme aber auch zwischendurch nutzen und Ihre Teilnehmenden zu ihren weiteren Wünschen zum Verlauf der Tagung befragen. Auch ist es möglich, im Rahmen eines Vortrags drei „Vertiefungsrichtungen" anzubieten und die Teilnehmenden über die favorisierte abstimmen zu lassen. Wenn die Zuordnung zu Gruppen erst während der Tagung erfolgt, kann eine schnelle „Wer nimmt wo teil"-Umfrage helfen, Räume passend zuzuordnen.

Das Ganze ist möglich durch das Verteilen sogenannter „Clicker", mit deren Hilfe jeder Teilnehmende abstimmen kann, oder auf dem eigenen Smartphone, Tablet oder Laptop (nach dem Motto *„bring your own device"*). Hierfür hat z.B. die Universität Paderborn ein Tool entwickelt, das sehr einfach in der Handhabung ist (auch und vor allem für die Tagungsteilnehmenden).

Weblink *http://pingo.upb.de*

Solche Kleinevaluationen sind bei Tagungen, die länger als einen Tag dauern, ohnehin als formative Rückkopplung zu empfehlen.

Andere Daten, auf die sich ein solcher Bericht stützen kann, sind Protokolle von Diskussionen und Arbeitsgruppen, Poster und Flipchart-Produkte, Aufzeichnungen von Sequenzen u.a. Sind viele Daten vorhanden, empfiehlt es sich, sie als eine Art Anhang zu präsentieren, um einen kurzen und überzeugenden Text zu ermöglichen.

Die Berichts*sprache* ist ebenfalls wichtig. Sie sollte nicht bürokratisch sein, auch wenn der Bericht in einem bürokratischen Zusammenhang steht, sondern dynamisch Verlauf und Zielerreichung der Tagung rekonstruieren. Auch die Aufnahme von O-Tönen empfiehlt sich, das macht Berichte plastischer. Als Übersicht kann folgende Checkliste dienen.

CHECKLISTE 19

Der Bericht

Ihr Veranstaltungsbericht könnte enthalten

☐ ein ergänztes Veranstaltungsprofil

☐ Beschreibung der Veranstaltungsstätte

☐ Teilnehmerstatistik, einschließlich

    ○ Inanspruchnahme Unterbringung

    ○ Veranstaltungsbesuch

    ○ Zahlungsmuster der Teilnehmenden

    ○ Sitzungsbesuch

☐ Liste der Anbieter

☐ Liste der Referenten und Referentinnen

☐ Liste der Sponsoren und Geldgeber

☐ Budget- und Cashflow-Analyse

- ☐ Darstellung des erreichten Outcomes
- ☐ Zusammenfassung der formativen Feedback-Runden
- ☐ eigene Bewertung

  (German Convention Bureau e.V,. o.J., S. 34)

4.3   Und, wie war die Veranstaltung? Die Evaluation

Schon während der Veranstaltung gab es kleine Feedback-Runden. Nun geht es an die Evaluation der gesamten Tagung (Nuissl, 2013).

Zunächst zum Zeitpunkt: Eine solche Evaluation kann am Ende der Tagung selbst erfolgen. Der Vorteil ist: Die Kenntnisse sind noch frisch, viele Teilnehmende noch anwesend, ein positiver Schub wahrscheinlich vorhanden. Der Nachteil: Eine solche Evaluation stört den eigentlichen Abschluss, widerspricht vielleicht einem geeigneten Ende des Spannungsbogens, und wirkt – gerade bei Tagungen, anders als bei Seminaren – eher aufgesetzt.

Eine solche Evaluation kann auch im Nachgang zur Tagung erfolgen. Der Vorteil ist: Man kann sogar schon Fragen nach der Umsetzung des Outcomes stellen und hat eine eher objektivierte Rückmeldung. Der Nachteil: Es ist aufwendig, die Teilnehmenden anzuschreiben (auch per E-Mail!), es werden nicht alle reagieren und vielleicht kommen die Ergebnisse schon zu spät.

Es gibt aber auch Zwischenformen der Evaluation, da sind der Fantasie kaum Grenzen gesetzt. Ein Beispiel ist das „Papierfliegerfeedback".

TIPP

Papierfliegerfeedback

Wenn Sie neue Wege ausprobieren wollen, um eine Rückmeldung zu Ihrer Tagung zu bekommen, raten wir zum „Papierfliegerfeedback".

Geben Sie kurz vor Schluss im Plenum weißes Papier durch die Reihen und fordern Sie die Teilnehmenden auf, Ihnen zu schreiben, was ihnen gefallen hat, nicht gefallen hat, was Sie mitnehmen, Ihnen mitgeben wollen, was für sie das Tagungshighlight war etc. Im Anschluss basteln alle Papierflieger und werfen diese nach vorne auf das Veranstalterteam. Sie lesen das Feedback gemeinsam im Team nach Ende der Veranstaltung.

Auf diese Weise erhalten Sie offenes, sehr individuelles Feedback zu Ihrer Veranstaltung.

Besser als Gruppen- oder Plenumsevaluationen sind individuelle Rückmeldungen. Hier müssen Sie entscheiden, ob Anonymität ermöglicht werden soll oder nicht. Anonyme Rückmeldungen sind in der Regel ehrlicher, lassen sich aber auch schwerer einschätzen. Wichtig ist auch die Frage, ob Sie eine „nach hinten" gerichtete Evaluation haben wol-

len oder eine solche, die sich „nach vorne", also in die Zukunft, richtet. Erstere gibt klarere Bewertungen der Tagung, weist auf Fehler und gut gelungene Aspekte hin und unterstützt die Vorbereitung der nächsten Tagung. Letztere zeigt die Outcomes und deren Verwendung auf, öffnet also den Blick für den Effekt und den *Impact* der Tagung. Man kann beide Richtungen der Schluss-Evaluation verbinden, steht aber dann in der Gefahr, eine zu aufwendige und umfangreiche Evaluation anzustreben.

Und doch bleibt wichtig: Es gibt keine Tagung ohne geeignete Evaluation!

TIPP

Fokussieren

Wenn es schwer fällt, Fragen für die Evaluation auszuwählen, weil vieles spannend ist, stellen Sie sich diese Frage: „Wenn jeder Teilnehmende nur drei Fragen beantworten würde, welche wären die für uns wichtigsten?"

4.4   Was machen wir jetzt? Das Follow-up

Im Grunde gibt es zwei Varianten des „Follow-ups", also der Geschehnisse nach Abschluss einer Tagung; beide hängen eng mit dem Ziel der Tagung, des Workshops oder der Konferenz zusammen (→ Kap. 1.1):

1. *War das Ziel der Tagung verbunden mit einem Produkt?*
   Dann betrifft das Follow-up hauptsächlich das Fertigstellen und den Umgang mit diesem Produkt.
2. *War das Ziel der Tagung hauptsächlich ein Meinungsaustausch, eine Aussprache, eine Klärung, eine diskursive Fortführung eines Dialogs?*
   Dann ist das Follow-up unbestimmt und offen.

Die Aktivitäten nach der Tagung unterscheiden sich entsprechend. Schauen wir zunächst auf die Produkte solcher sozialen Zusammenkünfte. Dabei geht es fast ausschließlich um *Texte*, d.h. um Texte unterschiedlichster Art.

Eine Form des textlichen Produkts ist die gemeinsame Erklärung am Ende der Tagung, die sich an bestimmte Adressaten richtet oder auch nur als öffentliches Communiqué (oder als Memorandum) verbreitet wird. Es sind kürzere Texte, pointiert, gut lesbar und mit klarer Botschaft – jedenfalls sollten sie so sein. Sie sind sinnvoll, wenn sie von allen Teilnehmenden getragen und verabschiedet werden, wobei die Gruppe der Teilnehmenden im entsprechenden Feld (z.B. Bildungspolitik, Kirchen- oder Migrantenorganisationen) eine offensichtliche Bedeutung haben muss. Solche Texte müssen schon im Vorfeld der Tagung vorbereitet, nach Möglichkeit bereits bei der Einladung mit verschickt und im Verlaufe der Tagung immer wieder thematisiert werden. Ihre Verbreitung ist sorgfältig zu planen und – im Verlaufe der Tagung – zusammen mit dem Text selbst zu beraten. Auch ist schon im Vorfeld zu klären, wie die Wirkung des Communiqués evaluiert werden kann und ob und wie die entsprechenden Informationen an die Teilnehmenden zurückvermittelt werden können. Es ist unbefriedigend, an einer Erklärung mitzuwirken und nicht zu wissen, was daraus geworden ist.

Eine andere Form von Texten im Follow-up einer Tagung ist die Veröffentlichung der Tagungsbeiträge. Leider existieren viele Druckerzeugnisse, in denen eben dies erfolgt ist, ohne zu berücksichtigen, dass sich das gesprochene Wort vom schriftlichen Wort unterscheidet. Gute Vorträge und Tagungsbeiträge sind auf den Kontext abgestimmt, auf die Teilnehmenden, das Gesamtthema, den Spannungsbogen, den konkreten Diskurs – als gedruckte Aufsätze sind sie ungeeignet. Ebenso unpassend ist es, einen Aufsatz unverändert als Vortrag zu verwenden, schon allein Satzbau und grammatikalische Konstruktion widerstreben dem Vortragsformat. Daher gilt zunächst: Redebeiträge auf Veranstaltungen sind für eine Veröffentlichung gründlich umzugestalten. Dies muss den Rednerinnen und Referenten im Vorfeld bekannt sein. Diese – ein wenig apodiktische – Aussage gilt natürlich nur, wenn der Vortrag didaktisch und rhetorisch gestaltet ist, was leider nicht immer (und in manchen Disziplinen kaum) der Fall ist.

Ein anderer, sehr wichtiger Punkt ist die Auswahl der Beiträge. Tagungsbände, in denen alles Gesagte – entsprechend umgestaltet – abgedruckt ist, enthalten Texte höchst unterschiedlicher Qualität. Will man ein hochwertiges Buchprodukt erstellen, ist eine Auswahl vorzunehmen, die Qualitätskriterien folgt. Diese sollten nicht unter dem Anspruchsniveau referierter Zeitschriften liegen. Dabei stellen sich mehrere Fragen. Eine von ihnen ist, ob der Redebeitrag „reviewt" wird oder das entstandene druckfertige Manuskript. Die Erfahrung zeigt, dass Letzteres für die Veröffentlichung günstiger ist, man allerdings auch nicht den Referentinnen und Referenten zumuten kann, ohne Gewähr der Veröffentlichung ihren Beitrag zu verschriftlichen. Hier ist daher ein gestuftes Verfahren zu empfehlen: Stufe 1 – eine erste Selektion anhand der Redebeiträge; Stufe 2 – eine anschließende qualitätssichernde Rückmeldung zum erstellten Manuskript.

Erfahrungsgemäß ist die Kommunikation mit Referentinnen und Referenten über solche geplanten Auswahlverfahren nicht einfach. Besonders „große Namen", die zur Attraktivität der Tagung beitragen, sind selten bereit zu einem solchen Prozedere. Es bedarf besonderer Argumentationen, etwa der besonderen Qualität des entstehenden Buchprodukts, um Zustimmung zu erhalten. Auf jeden Fall ist es angeraten, Ziel und Verfahren der entstehenden Publikation mit allen Beteiligten im Vorfeld sehr genau und transparent zu kommunizieren.

Im zweiten, nicht produktorientierten Follow-up existiert eine große Variationsbreite. Sehr häufig wird die Tagung beendet, ohne dass Weiteres (tagungsoffiziell, Pläne von Teilnehmenden und einzelnen Gruppen mag es durchaus geben) verabredet wird. Dies ist eher die Regel bei wissenschaftlichen Veranstaltungen oder solchen, die Werbe-, Informations- und Imagefunktion haben. Bei Veranstaltungen, die in organisationalen Kontexten stattfinden oder offene Fragen aufwerfen, auch bei solchen, die mit einer Erklärung enden, sind dagegen Folgeaktivitäten eher häufiger.

Dabei ist es wichtig, die finale Atmosphäre einer gelungenen Tagung nicht zu überschätzen, was die Antriebskraft für weitere Handlungen betrifft. Auch Tagungen verzeichnen eine „Abschiedseuphorie" (vor allem, wenn sie etwas länger dauerten), die Freude über eine gemeinsam verbrachte angenehme Zeit ebenso wie die Freude darüber, dass sie jetzt vorbei ist. Wie in mehrtägigen Seminaren kommt auch ein wenig Abschiedsschmerz hinzu, der Wunsch, etwas von der eher entspannten Atmosphäre der Sondersituation Tagung in den Alltag mitnehmen zu können. Solche Stimmungen tragen in der Regel Folgeaktivitäten nicht, zumindest nicht dauerhaft.

Bei gut gelungenen Tagungen kulminiert diese Stimmung oft in einem Wunsch nach Wiederholung. Gerade dann, wenn fachlich-inhaltlich kein wirkliches Ergebnis erzielt oder der didaktische Spannungsbogen nicht realisiert wurde, entstehen in Abschlusssitzungen von Tagungen beschlussähnliche Vereinbarungen, eine ähnliche Tagung in Jahresfrist zu wiederholen. Davor ist ausdrücklich zu warnen: Ohne konkrete Definition dessen, was in einer Folgetagung inhaltlich weiterbearbeitet und was bis dahin geleistet werden soll, laufen solche Planungen leicht ins Leere. Und wenn sie in einem organisationsinternen Kontext erfolgen, haben sie eher Effekte eines Placebos als einer Weiterentwicklung. Es ist eher anzuraten, die Stimmungslage des „Es soll weitergehen" in andere Formen umzusetzen, etwa in die Arbeit von inhaltlich und personell definierten Arbeitsgruppen, deren Ergebnisse dann durchaus zu späterer Zeit wieder in eine Tagung münden können.

Ein probates Verfahren, Tagungen nicht einfach mit ihrem Abschluss enden zu lassen, ist die Initiierung von themen-, regional- oder personenspezifischen Netzwerken, denn das Entstehen von Netzwerken ist ohnehin eine der impliziten Funktionen von Tagungen. Dies transparent zu machen und systematischer zu verknüpfen, mag eine Möglichkeit sein, auch Tagungen, die nicht auf Produkte abzielen, perspektivisch zu belastbaren Strukturen zu führen.

Nun: Sie haben unser Buch (oder besser: *Büchlein*) bis hier gelesen. Vielleicht haben Sie nicht alles gelesen, sondern nur die Passagen, die für Sie interessant waren oder die für Sie in Ihrer Situation hilfreich schienen. Wahrscheinlich sind Sie bei der Planung oder Durchführung Ihrer Veranstaltung auf Aspekte gestoßen, die hier angesprochen sind, und konnten sich konkret ein Bild machen, wie nützlich unsere Aussagen und Empfehlungen sind.

Wir würden nun gerne, sozusagen im „Follow-up", einen Schritt weitergehen: Lassen Sie uns vernetzen, lassen Sie uns gemeinsam daran arbeiten, dass Tagungen in Zukunft anregend, gehaltvoll und ergebnisreich sind, mehr als bisher. Teilen Sie uns Ihre Erfahrungen mit Ihrer oder einer anderen Tagung – im Guten wie im Schlechten – mit, wir werden sie in einer möglichen Neuauflage aufnehmen und in Empfehlungen umsetzen. Dann wird womöglich aus unserem Büchlein in Zukunft noch ein richtiges *Buch*.

Glossar

Ablaufdiagramm
Grafik, mit der die einzelnen Teile eines Produktions- oder Entscheidungsprozesses chronologisch und in ihrer jeweiligen Verknüpfung dargestellt werden.

Anagramm
Methode, die das Vorwissen der Teilnehmenden aktiviert und die Aufmerksamkeit für ein folgendes Thema erhöht. Teilnehmende notieren sich einen zentralen Begriff dessen, was folgt (z.B. ein Schlagwort aus einem Workshop-Titel) vertikal auf ein Blatt Papier und „durchkreuzen" dieses mit Begriffen, die ihnen hierzu einfallen.

Anfangssituation
Beginn einer Tagung, bei der die Gruppe zum ersten Mal zusammenkommt. Hier stehen bei Veranstaltern und Teilnehmenden eine Reihe von Fragen und Erwartungen im Raum, nur wenige davon an der Oberfläche sicht- und hörbar (→ Eisberg zu Veranstaltungsbeginn).

Aufstehfragen
Wachmacher, der sich v.a. für den Beginn einer Veranstaltung eignet. Es werden Aussagen laut formuliert und diejenigen gebeten aufzustehen, auf die diese zutreffen. Teilnehmende lernen sich so besser kennen und können später daran anknüpfen.

BarCamp
Neue Form der Konferenz, auch *Un*konferenz genannt. Ablauf und Themen stehen zu Beginn der Tagung noch nicht fest, sondern werden von den Teilnehmenden im Verlauf entwickelt. Ziel ist v.a. ein selbstorganisierter, kritisch inhaltlicher Austausch, BarCamps können aber auch konkrete Ergebnisse liefern.

direkte Kosten
Kosten, die durch die Veranstaltung bedingt sind und ohne sie nicht anfallen würden (→ indirekte Kosten).

EduCamp
Begriff für ein → BarCamp im Bildungsbereich.

Eisberg zu Veranstaltungsbeginn

Fragen, Erwartungen und Ängste in der → Anfangssituation. Wie bei einem Eisberg ist hier das Geringste offensichtlich. Um dies zu berücksichtigen, sollte der Anfang bewusst gestaltet werden.

Fishbowl

Methode für die Gestaltung von Arbeitsgruppen mit maximal 40 Personen. Die Teilnehmenden sitzen in einem Innen- und einem Außenkreis. Im kleineren Innenkreis sitzen die derzeit Aktiven, im Außenkreis die Beobachter, wie um ein Goldfischglas herum.

Gruppendrehbuch

Methode für strukturierte Gruppenarbeiten von Ib Ravn, die sich für den Einsatz während Tagungen eignet. Gruppen bekommen schriftlich eine zeitlich strukturierte Aufgabe ausgehändigt, die sie gemeinsam erarbeiten und deren Ergebnisse sie im Anschluss ins Plenum bringen.

indirekte Kosten

Kosten, die anfallen, auch wenn die Veranstaltung nicht stattfindet, die aber notwendig sind, damit die Veranstaltung durchgeführt werden kann, zum Beispiel der „Overhead", die Leitung der Veranstalterorganisation, oder die Verwaltungsabteilung derselben.

Keynote

Beitrag zu Beginn einer Tagung, im Plenum (mit allen Teilnehmenden), der das Folgende „aufschließt" und Inhalt, Thema und Ziel der Tagung umreißt.

Kompetenz

Die Fähigkeit und das Wissen, welche die Teilnehmenden nach Ende der Tagung erworben haben (→ Outcome).

Logo

Die (grafische) Erkennungsmarke einer Organisation oder auch Veranstaltung, die auf allen Produkten etc. erscheint.

Methodenfeuerwerk

Überfrachtung einer Veranstaltung oder Veranstaltungseinheit, die es unbedingt zu vermeiden gilt. Methoden sollten nur eingesetzt werden, wo sie sinnvoll sind und einen Zweck erfüllen.

Murmelgruppe

Klassische Zwei-Personen-Diskussionsgruppe, in der in kurzen Einheiten während eines Plenums gesprochen wird. In kurzer Zeit werden eine Menge Ideen und Einwände generiert.

Outcome

Das Ergebnis eines Prozesses, im Lernprozess die erworbene Kompetenz, zu beschreiben als individuelle Fähigkeit („ich kann …").

Podiumsdiskussion (im Englischen: panel)

Eine Runde, in der vor dem Plenum (Auditorium) Expertinnen und Experten oder Interessenvertreter über ein Thema oder eine Frage oder ein Problem diskutieren.

Projekt, Projektmanagement

Eine Tagung kann als Projekt bezeichnet werden, also ein einmaliges und zeitlich, finanziell, personell begrenztes Ereignis mit komplexen Inhalten und Aufgaben, dessen Ziel klar definiert ist und das gegenüber anderen Vorhaben abgegrenzt werden kann. Bei dessen Planung und Durchführung kann auf Instrumente aus dem Projektmanagement zurückgegriffen werden, die geeignet sind, eine solche komplexe Aufgabe strukturiert zu bewältigen.

Public Relations (PR)

Öffentlichkeitsarbeit, gewissermaßen der Hintergrund für jede Produktwerbung, allgemeine Werbung und Information für Organisationen etc., besonders relevant für Image und „Marke".

Round Robin

Methode für Diskussionen, bei der Ideen durch ein strukturiertes Brainstorming generiert werden, an dem sich alle beteiligen. In Gruppen äußert der Reihe nach jede Person ihre Assoziationen zu einer Frage, die zuvor dem Plenum gestellt wurde. Zu dieser werden in kurzer Zeit einige Ideen generiert, da sich alle Teilnehmenden beteiligen und Gesagtes nicht durch Kommentare anderer im Voraus abgelehnt wird. Die gesammelten Punkte werden für den Einsatz im Plenum visualisiert.

Schlusssituation

Ende der Tagung. Hier wird der *Sack zugebunden* – inhaltlich und thematisch, organisatorisch und sozial.

Sozialformen

Die drei möglichen Konstellationen in Gruppen: alle, Teile, einzeln.

Spannungsbogen

Dramaturgisches Prozedere zum Erschließen, Ausdifferenzieren und Auflösen von Inhalten und Problemen.

Think-Pair-Share

Methode, die gestaffelt drei verschiedene Sozialformen verwendet, um die Partizipation der Teilnehmenden im Plenum zu erhöhen. Nachdem eine Diskussionsfrage ans Plenum gestellt wurde, sortieren und strukturieren die Teilnehmenden im ersten Schritt zunächst ihre eigenen Gedanken *(think)*, tauschen sie sich mit ihrem Sitznachbarn aus *(pair)* und bringen Statements ins Plenum ein *(share)*.

Visualisierung

Optische Rahmung einer Veranstaltung. Durch das Anschaulichmachen wird ein zweiter Kanal bedient, über das gesprochene Wort hinaus. Die Wahrscheinlichkeit, dass Informationen behalten werden, wird so erhöht.

World Café

Großgruppenmethode für bis zu über tausend Teilnehmende. In mehreren Runden diskutieren Teilnehmende zu einem Thema und halten die Ergebnisse fest. Zwischen den Runden werden die Tische gewechselt, Ergebnisse wieder in eine neue Gruppe eingebracht, die eigenen Ergebnisse erweitert usw. Am Ende werden die Gesamtergebnisse präsentiert. Das World Café ist eine simple Methode, mit der die Expertinnen und Experten im Raum vernetzt werden und das Wissen der Gesamtgruppe zu einem bestimmten Thema gesammelt wird. Durch die Vernetzung und den Austausch entstehen neue Facetten und kreative Ideen.

Ziele

Das A und O jeder Tätigkeit und jeder Veranstaltung. Wenn man nicht weiß, wohin man will, kann man auch nicht wissen, ob man auf dem richtigen Weg oder sogar bereits angekommen ist.

Literatur und Links

Barkley, E. F., Cross, K. P., & Major, C. H. (2014*). Collaborative Learning Techniques. A Handbook of College Faculty* (2. Aufl.). San Francisco: John Wiley & Sons.

Bergedick, A., Rohr, D., Wegener, A. (2011). *Bilden mit Bildern. Visualisierung in der Weiterbildung.* Bielefeld: W. Bertelsmann.

Breiner, G., Dauber, H., & Tietgens, H. (1980). *Teilnehmerorientierung und Selbststeuerung in der Erwachsenenbildung.* Braunschweig: Westermann.

Brinker, T., & Schumacher, E.-M. (2014). *Befähigen statt belehren. Neue Lehr- und Lernkultur an Hochschulen.* Bern: hep.

Brühwiler, H. (1989). *Methoden der Erwachsenenbildung.* Zürich: Thalwil.

Dürrschmidt, P., Koblitz, J., Mencke, M., Rolofs, A., Rump, K., & Schramm, S. (2014). *Methodensammlung für Trainerinnen und Trainer* (9. Aufl.). Bonn: managerSeminare.

El Hashash, A. (2004). *Interkulturelle Kommunikation. Ursachen von Missverständnissen, Problemfelder und Lösungsansätze. Vortrag vom 15.11.2004 beim Sprachentag der Bundeskanzlei Bern.* Abgerufen von www.ikm-institut.ch/Site/bern.html

Geißler, K. A. (2005). *Anfangssituationen. Was man tun und besser lassen sollte* (10. Aufl.). Weinheim, Basel: Beltz.

Geißler, K. A. (2005). *Schlusssituationen. Die Suche nach dem guten Ende* (4., neu ausgestatt. Aufl.). Weinheim, Basel: Beltz.

German Convention Bureau e.V. (o.J.). *Tagungen, Seminare und Kongresse. Ein kleiner Leitfaden für die Planung und Organisation von Veranstaltungen in Deutschland.* Abgerufen von www.working-office.de/pdf/gcb_leitfadenevents.pdf

Gräßner, G., & Przybylska, E. (2007). *The Moderation Method. A Handbook for Adult Educators and Facilitators.* Bonn, Warschau: Institut für Internationale Zusammenarbeit des DVV.

Groß, H. (2012). *munterbrechungen. 22 aktivierende Auflockerungen für Seminare und Sitzungen* (2. Aufl.). Berlin: Schilling.

Häfele, H., & Maier-Häfele, K. (2012). *101 e-Le@rning Seminarmethoden. Methoden und Strategien für die Online- und Blended-Learning-Seminarpraxis* (5., völlig überarb. Aufl.). Bonn: managerSeminare.

Hartmann, M., Funk, R., & Nietmann, H. (2012). *Präsentieren. Präsentationen: zielgerichtet und adressatenorientiert* (9. Aufl.). Weinheim u.a.: Beltz.

Hartmann, M., Rieger, M., & Funk, R. (2012). *Zielgerichtet moderieren. Ein Handbuch für Führungskräfte, Berater und Trainer* (6. Aufl.). Weinheim u.a.: Beltz.

Hey, B. (2011). *Präsentieren in Wissenschaft und Forschung.* Berlin, Heidelberg: Springer.

Kejcz, Y. et al. (1979ff.). *Bildungsurlaubs-Versuchs- und Entwicklungsprogramm der Bundesregierung* (8 Bde.). Heidelberg: Westermann.

Klein, A. (2010). *Projektmanagement für Kulturmanager* (4. Aufl.). Wiesbaden: Springer.

König, S. (2014). *Warming-up in Seminar und Training. 45 Übungen und Projekte zur Unterstützung von Lernprozessen* (4. Aufl.). Weinheim u.a.: Beltz.

Kürsteiner, P. (2010). *100 Tipps & Tricks für Reden, Vorträge und Präsentationen*. Weinheim, Basel: Beltz.

Langmaack, B., & Braune-Krickau, M. (2010). *Wie die Gruppe laufen lernt. Anregungen zum Planen und Leiten von Gruppen. Ein praktisches Lehrbuch* (8., vollst. überarb. Aufl.). Weinheim, Basel: Beltz.

Lipp, U., & Will, H. (2008). *Das große Workshop-Buch. Konzeption, Inszenierung und Moderation von Klausuren, Besprechungen und Seminaren* (8., überarb. u. erw. Aufl.). Weinheim, Basel: Beltz.

Litke, H.-D., Kunow, I., & Schulz-Wimmer, H. (2012). *Projektmanagement* (2. Aufl.). Schloß Holte-Stukenbrock: Haufe.

Müller, C. (2009). Acquirement and Use of Knowledge by Adult Education Professionals. How Do Adult Educators Use Technical Information for Their Professional Development? In A. Papastamatis et al. (Hrsg.), *Educating the Adult Educator. Quality Provision and Assessment in Europe* (S. 793–803). Thessaloniki.

Müller, R. (2003). *Mehr Bewegung ins Lernen bringen. Energie aufbauen, Leistungsfähigkeit und Lernmotivation erhöhen, Lernstoff verankern*. Weinheim u.a.: Beltz.

Nuissl, E. (Hrsg.). (2006). *Vom Lernen zum Lehren. Lern- und Lehrforschung für die Weiterbildung*. Bielefeld: W. Bertelsmann.

Nuissl, E. (2010). *Netzwerke und Regionalentwicklung*. Münster: Waxmann.

Nuissl, E. (2013). *Evaluation in der Weiterbildung*. Bielefeld: W. Bertelsmann.

Nuissl, E., & Siebert, H. (2013). *Lehren an der VHS. Ein Leitfaden für Kursleitende*. Bielefeld: W. Bertelsmann.

Parker, G., & Hoffman, R. (2006). *Meeting Excellence. 33 Tools to Lead Meetings that Get Results*. San Francisco: Jossey-Bass.

Petz, J. (2011). *Boring Meetings Suck. Get More out of Your Meetings, or Get Out of More Meetings*. New Jersey/Canada: Wiley.

Piegat-Kaczmarczyk, M. (2007). Specyfika pracy z grup? mi? dzykulturow? In E. Kownacka et al. (Hrsg.), *Podej?cie wielokulturowe w doradztwie zawodowym* (S. 83–91). Torun: Universitätsverlag.

Rachow, A. (2013). *Sichtbar. Die besten Visualisierungs-Tipps für Präsentation und Training* (5. Aufl.). Bonn: managerSeminare.

Rein, A. von, & Sievers, R. (2005). *Öffentlichkeitsarbeit und Corporate Identity*, Bielefeld: W. Bertelsmann.

Ritter-Mamczek, B., & Lederer, A. (2012). *22 splendid Methoden. Mehr Vergnügen für Ihre Veranstaltung*. Berlin: splendid.

Schachl, H. (2005). *Was haben wir denn im Kopf? Die Grundlagen für gehirngerechtes Lernen*. Linz: Veritas.

Schöll, I. (2005). *Marketing in der öffentlichen Weiterbildung*. Bielefeld. W. Bertelsmann.

Seifert, J. W. (2014). *Visualisieren – Präsentieren – Moderieren* (34. Aufl.). Bremen: Gabal.

Seliger, R. (2011). *Einführung in Großgruppen-Methoden* (2. Aufl.). Heidelberg: Carl Auer.

Siebert, H. (2010). *Methoden für die Bildungsarbeit. Leitfaden für aktivierendes Lehren* (4., akt. u. überarb. Aufl.). Bielefeld: W. Bertelsmann.

Weidenmann, B. (2006). *Gesprächs- und Vortragstechnik* (4. Aufl.). Weinheim, Basel: Beltz.

Weidenmann, B. (2010). *Handbuch Kreativität*. Weinheim, Basel: Beltz.

Weidenmann, B. (2011). *Erfolgreiche Kurse und Seminare. Professionelles Lernen mit Erwachsenen*
  (8. Aufl.). Weinheim, Basel: Beltz.

Weidenmann, B. (2015). *100 Tipps & Tricks für Pinnwand und Flipchart* (5. akt. u. erw. Aufl.). Weinheim
  u.a.: Beltz.

Wember, B. (1976). *Wie informiert das Fernsehen?* München: List.

Will, H., Wünsch, U., & Polewsky, S. (2009). *Info-, Lern- und Change-Events: Das Ideenbuch für Veranstaltungen: Tagungen, Kongresse und große Meetings*. Weinheim: Beltz.

Verwendete Links

- http://educamp.mixxt.de
- http://pingo.upb.de
- https://ecber15.educamps.org
- https://inforgr.am
- www.barcamp.org
- www.blogg.de
- www.blogger.com
- www.die-bonn.de/institut/die-forum
- www.dotcomblog.de
- www.emaze.com
- www.gcb.de
- www.graphic-recorder.eu
- www.graphic-recording.blogspot.com
- www.jetzt-auch-m.it
- www.kommunikationslotsen.de
- www.myblog.de
- www.prezi.com
- www.ruhr-uni-bochum.de/visionary-teaching/PDF/praxisbeispiele-abstracts/abstract_peer-facilitated-learning_froehlich_bielefeld.pdf
- www.tafel.de
- www.unigestalten.de/component/unigestalten/item/627.html

Weiterführende Literatur

Arbeitsgruppe Hochschuldidaktische Weiterbildung an der Albert-Ludwigs-Universität Freiburg i.Br. (Hrsg.). (2000). *Besser Lehren. Praxisorientierte Anregungen und Hilfen für Lehrenden in Hochschule und Weiterbildung. Methodensammlung* (H. 2) (2., überarb. Aufl.). Weinheim: Deutscher Studien Verlag.

Baer, U. (2009). *666 Spiele. Für jede Gruppe, für alle Situationen* (25.,vollst. überarb. Aufl.). Seelze-Velber: Friedrich.

Ballod, M. (2011). *Informationen und Wissen im Griff. Effektiv informieren und effizient kommunizieren.* Bielefeld: W. Bertelsmann.

Bastian, J., Combe, A., & Langer, R. (2014). *Feedback-Methoden. Erprobte Konzepte, evaluierte Erfahrungen* (3. Aufl.). Weinheim, Basel: Beltz.

Beermann, S., Schubach, M., & Tornow, O. (2013). *Spiele für Workshops und Seminare.* Freiburg: Haufe-Lexware.

Besser, R. (2004). *Transfer. Damit Seminare Früchte tragen. Strategien, Übungen und Methoden, die eine konkrete Umsetzung in die Praxis sichern* (3. Aufl.). Weinheim u.a.: Beltz.

Blenk, D. (2013). *Inhalte auf den Punkt gebracht. 140 Kurzgeschichten für Seminare und Trainings* (3. Aufl.). Weinheim u.a.: Beltz.

Bruck, W., & Müller, R. (2011). *Wirkungsvolle Tagungen und Großgruppen. Ziele, Wirkfaktoren und Designs: Appreciative Inquiry, World Café, Open Space, Open Space-Online, RTSC, Zukunftskonferenz, Klassische Tagung* (2. Aufl.). Offenbach: Books on Demand.

Bunker, B. B., & Alban, B. T. (1997). *Large Group Interventions. Engaging the Whole System for Rapid Change.* San Francisco: Jossey-Bass.

Chambers, R. (2002). *Participatory Workshops. A Sourcebook of 21 Sets of Ideas and Activities.* London: Taylor & Francis Ltd.

Craven, R. E., & Golabowski, L. J. (2006). *The Complete Idiot's Guide to Meeting and Event Planning* (2. Aufl.). New York: Alpha.

Dauscher, U. (2005). *Moderationsmethode und Zukunftswerkstatt* (3., überarb. u. erw. Aufl.) Augsburg: Ziel.

Elsborg, S., & Ravn, I. (2006). *Learning Meetings and Conferences in Practice.* Kopenhagen: People's Press.

Feiter, C. (2013). *Konferenzen professionell organisieren. Die effiziente Planung und Durchführung von Veranstaltungen.* Wiesbaden: Gabler.

Fengler, J. (2009). *Feedback geben. Strategien und Übungen* (4. Aufl.). Weinheim, Basel: Beltz.

Frank, H. J. (2004). *Ideen zeichnen. Ein Schnellkurs für Trainer, Moderatoren und Führungskräfte.* Weinheim, Basel: Beltz.

Freimuth, J., & Schrader, E. (2000). *Moderation in der Hochschuldidaktik.* Hamburg: Windmühle.

Groß, H., Boden, B., & Boden, N. (2012). *munterrichtsmethoden. 22 aktivierende Lehrmethoden für die Seminarpraxis* (3., vollst. überarb. Aufl.). Berlin: Schilling.

Grötzebach, C. (2010). *Spielend Wissen festigen. Effektiv und nachhaltig.* Weinheim, Basel: Beltz.

Gugel, G. (1997). *Methoden-Manual I: Neues Lernen. Tausend Praxisvorschläge für Schule und Lehrerbildung.* Weinheim: Beltz

Gugel, G. (2011). *2000 Methoden für Schule und Lehrerbildung. Das Große Methoden-Manual für aktivierenden Unterricht.* Weinheim: Beltz.

Henkel, S. L. (2007). *Successful Meetings. How to Plan, Prepare, and Execute Top-notch Business.* Florida: Atlantic Publishing Company.

Holman, P., & Devane, T. (Hrsg.). (1999). *The Change Handbook. Groupmethods for Shaping the Future.* San Francisco: Atlantic Publishing.

Kauffeld, S. (2010). *Nachhaltige Weiterbildung. Betriebliche Seminare und Trainings entwickeln, Erfolge messen, Transfer sichern.* Berlin: Springer.

Kirkpatrick, D. L. (1994). *Konferenz mit Effizienz. Besprechungen richtig planen.* München: Droemer Knaur.

Klebert, K., Schrader, E., & Straub, W. (2000). *Winning Group Results* (4. Aufl.). Hamburg: Windmühle.

Klebert, K., Schrader, E., & Straub, W. (2006). *ModerationsMethode* (3. Aufl.). Hamburg: Windmühle.

Klebert, K., Schrader, E., & Straub, W. (2011). *KurzModeration* (13. Aufl.). Hamburg: Windmühle.

Knoll, J. (1997). *Kleingruppenmethoden* (2. Aufl.). Weinheim, Basel: Beltz.

Knoll, J. (2007). *Kurs- und Seminarmethoden. Ein Trainingsbuch zur Gestaltung von Kursen und Seminaren, Arbeits- und Gesprächskreisen* (11. Aufl.). Weinheim u.a.: Beltz.

Königswieser, R., & Keil, M. (2003). *Das Feuer großer Gruppen* (2. Aufl.). Stuttgart: Klett-Cotta.

Kratz, H.-J. (2012). *30 Minuten für richtiges Feedback* (4. Aufl.). Offenbach: Gabal.

Kürsteiner, P., & Schildt, T. (2006). *100 Tipps & Tricks für Overhead- und Beamerpräsentationen* (2. Aufl.). Weinheim, Basel: Beltz.

Lakey, G. (2010). *Facilitating Group Learning. Strategies for Success with Diverse Adult Learners.* San Francisco: Jossey-Bass.

Landesinstitut für Schule und Weiterbildung (2000). *Lehrerfortbildung NRW. Methodensammlung. Anregungen und Beispiele für die Moderation.* Soest. Abgerufen von www.standardsicherung.schulministerium.nrw.de/methodensammlung

Lipp, U. (2008). *100 Tipps für Training und Seminar.* Weinheim u.a.: Beltz.

Mahlmann, R. (2010). *Sprachbilder, Metaphern & Co.* Weinheim, Basel: Beltz.

Maleh, C. (2001). *Open Space. Effektiv arbeiten mit großen Gruppen. Ein Handbuch für Anwender, Entscheider und Berater.* Weinheim u.a.: Beltz.

Maleh, C. (2002). *Open Space in der Praxis.* Weinheim, Basel: Beltz.

Mehrmann, E., & Plaetrich, I. (2003). *Der Veranstaltungs-Manager* (2. Aufl.). München: Deutscher Taschenbuch Verlag.

Meyer, E., & Widmann, S. (2014). *FlipchartArt. Ideen für Trainer, Berater und Moderatoren* (4., wesentlich überarb. u. erw. Aufl.). Erlangen: Publicis Corporate Publishing.

Moesslang, M. (2011). *So würde Hitchcock präsentieren. Überzeugen Sie mit dem Meister der Spannung*. München: Redline.

Nitschke, P. (2014). *Trainings planen und gestalten: Professionelle Konzepte entwickeln, Inhalte kreativ visualisieren, Lernziele wirksam umsetzen* (3. Aufl.). Bonn: managerSeminare.

Owen, H. (2001). *Erweiterung des Möglichen. Die Entdeckung von Open Space*. Stuttgart: Klett-Cotta.

Owen, H. (2011). *Open Space Technology* (2., akt. u. erw. Aufl.). Stuttgart: Klett-Cotta.

Peterßen, W. H. (2009). *Kleines Methoden-Lexikon* (3., überarb. u. akt. Aufl.). München: Oldenbourg Wissenschaftsverlag.

Pink, R. (2002). *Souveräne Gesprächsführung und Moderation*. Frankfurt a. M.: Campus.

Rachow, A. (Hrsg.). (2014). *Spielbar. 51 Trainer präsentieren 77 Top-Spiele aus ihrer Seminarpraxis* (5., überarb. Aufl.). Bonn: managerSeminare.

Rachow, A. (Hrsg.). (2010). *Spielbar II. 66 Trainer präsentieren 88 neue Top-Spiele aus ihrer Seminarpraxis* (4. Aufl.). Bonn: managerSeminare.

Reich, K. (2003ff.). Moderation/Metaplan. In K. Reich (Hrsg.), *Methodenpool*. Abgerufen von http://methodenpool.uni-koeln.de

Renkl, A., & Beisiegel, S. (2003). *Lernen in Gruppen*. Landau: Verlag Empirische Pädagogik.

Rietz, H. L., & Manning, M. (1994). *The One-Stop Guide to Workshops*. New York: McGraw-Hill Inc.

Schildt, T., & Zeller, G. (2005). *100 Tipps & Tricks für professionelle PowerPoint-Präsentationen*. Weinheim, Basel: Beltz.

Schnelle, E. (Hrsg.). (1982*). Metaplan Gesprächstechnik. Kommunikationswerkzeug für die Gruppenarbeit*. Quickborn: Metaplan GmbH.

Schulze-Seeger, J. (2013). *Schwarzer Gürtel für Trainer. Vom Meistern schwieriger Seminarsituationen* (2., überarb. u. erw. Aufl.). Weinheim, Basel: Beltz.

Siegert, W. (2007). *Konferenz mit Ziel und Effizienz. Sparen Sie viel Zeit und Geld!* Renningen: expert.

Stahl, E. (2012). *Dynamik in Gruppen. Handbuch der Gruppenleitung* (3., vollst. überarb. u. erw. Aufl.). Weinheim, Basel: Beltz.

Streibel, J. (2007). *Plan and Conduct Effective Meetings. 24 Steps to Generate Meaningful Results*. New York: Mcgraw Hill.

Szepansky, W.-P. (2010). *Souverän Seminare leiten* (2., akt. u. überarb. Aufl.). Bielefeld: W. Bertelsmann.

Wallenwein, G. F. (2011). *Spiele. Der Punkt auf dem i* (6. Aufl.). Weinheim, Basel: Beltz.

Weidenmann, B. (2008*). Handbuch Active Training. Die besten Methoden für lebendige Seminare* (2. Aufl.). Weinheim u.a.: Beltz.

Wilkinson, M. (2012). *The Secrets of Facilitation: The SMART Guide to Getting Results with Groups*. San Francisco: Jossey-Bass.

Zentrum für Lehre und Lernen (Hrsg.). (2014). *Die Masse in Bewegung bringen. Aktives Lernen in Großveranstaltungen*. Hamburg: Zentrum für Lehre und Lernen (ZLL).

Abbildungen

Autorenporträts

Christina Müller-Naevecke

Dipl.-Päd., freiberufliche Moderatorin, Trainerin, Beraterin, Lehrbeauftragte und Innovationsentwicklerin bei openstudios.nrw, vorher wissenschaftliche Mitarbeiterin an der Universität Duisburg-Essen, dem Deutschen Institut für Erwachsenenbildung in Bonn (DIE), der Humboldt-Universität zu Berlin und der Fachhochschule Münster. Ihre Arbeitsschwerpunkte sind (Hochschul-)Didaktik, informelle Lernprozesse Erwachsener, Professionalisierung Lehrender und Bildungsberatung. Sie nahm an zahlreichen Tagungen teil und organisierte solche, v.a. im Hochschulbereich. Ihr Motiv für diesen Text: „Ich habe mehrfach erlebt, wie motivierend und bereichernd eine didaktisch durchdachte Tagung wirken kann, lange in die eigene Arbeit hinein. Diese Erfahrung möchte ich weitergeben und eine Unterstützung bieten, selbst solche Veranstaltungen anbieten und durchführen zu können."

Kontakt: *mueller-naevecke@online.de*

Ekkehard Nuissl von Rein

Univ.-Prof. Dr. habil. Dr. h.c., leitete bis zu seiner Emeritierung 20 Jahre das Deutsche Institut für Erwachsenenbildung in Bonn (DIE) und lehrt aktuell Erwachsenenbildung an den Universitäten Kaiserslautern, Florenz, Timisoara und Torun. Seine Arbeitsschwerpunkte sind internationale Erwachsenenbildung, Lehren und Lernen, Evaluation und empirische Bildungsforschung. Im Verlauf seines beruflichen Werdegangs nahm er an schätzungsweise 1.000 Tagungen, Konferenzen und ähnlichen „Gefäßen" in unterschiedlichen Funktionen teil. Als Veranstalter zeichnete er verantwortlich für einige Dutzend Veranstaltungen. Sein Motiv für diesen Text: „Ich habe so viele wenige gelungene und so wenig gut gelungene Veranstaltungen erlebt (und teilweise selbst verantwortet), dass ich es an der Zeit finde, Hilfen für Verbesserungen anzubieten und meine Erfahrungen in Form von Empfehlungen zu bündeln und weiterzugeben."

Kontakt: *nuissl@die-bonn.de*

Zusammenfassung

Das Buch ist ein Leitfaden zur didaktischen Gestaltung von Tagungen, Konferenzen und Workshops. Es dient der Vorbereitung, Durchführung und Evaluation von Veranstaltungen im Rahmen Weiterbildung und kann mit einer Vielzahl von Zielgruppen und Themenfeldern verwendet werden. Es wendet sich an Leitende und Planende in der Weiterbildung, an verantwortlich Tätige in der Öffentlichkeitsarbeit und im Veranstaltungsmanagement von (Weiter)Bildungsinstitutionen aller Trägerbereiche sowie an freie Organisatoren von Bildungsveranstaltungen.

Abstract

The book provides a guideline for a didactic planning and design of conferences, conventions and workshops. It serves to support the act of preparation, realization and evaluation of events in adult education and may be used in various contexts and on a variety of topics. The book addresses staff working in the management and leadership of institutions in adult education, in public relations and event management.

Qualität der Weiterbildung

Beratungsangebote professionell gestalten

Für die Qualität von Weiterbildungsberatung ist entscheidend, dass die beratende Einrichtung ihren Qualitätsanspruch definiert, systematisch gestaltet und vor dem Hintergrund der Zielerreichung reflektiert.

In einem von Bildungsberatern aus Deutschland und Österreich moderierten Reviewprozess wurden Stärken und Schwächen der jeweils anderen Beratungspraxis evaluiert. Dabei werden verschiedene Gestaltungsaspekte von Beratung beleuchtet. Die hier gesammelten Erfahrungen werden handlungsleitend aufbereitet und durch Praxisbeispiele und Checklisten ergänzt.

Frank Schröder, Bernd Schlögl
Weiterbildungsberatung

Qualität definieren, gestalten, reflektieren

Perspektive Praxis

2014, 160 S., 19,90 €
ISBN 978-3-7639-5367-7
Als E-Book bei wbv.de

W. Bertelsmann Verlag 0521 91101-0 wbv.de

Lehren an der VHS

Leitfaden für Kursleitende

Das Standardwerk für Lehrende an der Volkshochschule vermittelt didaktische und methodische Kompetenzen sowie organisatorisches Wissen z.B. zu rechtlichen und finanziellen Fragen. Besondere Praxisthemen sind: Interkulturalität, Gender und Konfliktlösestrategien.

„Eine sehr gute Orientierung und wertvolle Unterstützung."

Steffi Rohling,
Direktorin des Verbandes der Volkshochschulen von Rheinland-Pfalz e.V.

Horst Siebert, Ekkehard Nuissl

Lehren an der VHS

Ein Leitfaden für Kursleitende

Perspektive Praxis

2013, 187 S., 19,90 € (D)
ISBN 978-3-7639-5169-7
Als E-Book bei wbv.de

W. Bertelsmann Verlag 0521 91101-0 wbv.de

Mediennutzung in der (Weiter-)Bildung

Urheberrechtliche Grundlagen und Fallstricke

Der Band informiert über die urheberrechtlichen Grundlagen, die Bildungseinrichtungen bei der Nutzung von fremden Texten und Bildern berücksichtigen müssen. Die Themen reichen von Rahmenvereinbarungen bis zum Umgang mit Open Educational Resources.

Thomas Hartmann
Urheberrecht in der Bildungspraxis

Leitfaden für Lehrende und Bildungseinrichtungen

Perspektive Praxis

2014, 120 S., 19,90 € (D)
ISBN 978-3-7639-5441-4
Als E-Book bei wbv.de

W. Bertelsmann Verlag 0521 91101-0 wbv.de